科学育儿

这样
养育男孩

许鼓 ◎主编

黑龙江科学技术出版社
HEILONGJIANG SCIENCE AND TECHNOLOGY PRESS

图书在版编目（CIP）数据

这样养育男孩 / 许鼓主编. -- 哈尔滨 ： 黑龙江科
学技术出版社，2018.4
（科学育儿）
ISBN 978-7-5388-9530-8

Ⅰ．①这… Ⅱ．①许… Ⅲ．①婴幼儿－哺育 Ⅳ.
①TS976.31

中国版本图书馆CIP数据核字(2018)第022029号

这 样 养 育 男 孩

ZHEYANG YANGYU NANHAI

主　　编	许　鼓
责任编辑	侯文妍
摄影摄像	深圳市金版文化发展股份有限公司
策划编辑	深圳市金版文化发展股份有限公司
封面设计	深圳市金版文化发展股份有限公司
出　　版	黑龙江科学技术出版社
	地址：哈尔滨市南岗区公安街70-2号　邮编：150007
	电话：（0451）53642106　传真：（0451）53642143
	网址：www.lkcbs.cn
发　　行	全国新华书店
印　　刷	深圳市雅佳图印刷有限公司
开　　本	685 mm×920 mm　1/16
印　　张	13
字　　数	200千字
版　　次	2018年4月第1版
印　　次	2018年4月第1次印刷
书　　号	ISBN 978-7-5388-9530-8
定　　价	39.80元

序言
PREFACE

0~3岁男孩的养育之道

每一个孩子都是天使，世界上最大的学问莫过于养育孩子了。而0~3岁正是孩子养护的关键时期，尤其现在的父母对孩子的珍爱和重视程度都非常高，养育孩子投入的时间、精力和财力都十分大。但新手的爸爸妈妈们遇到的问题也空前多：柔弱的婴儿怎么呵护？怎么照顾孩子的吃喝拉撒睡？怎么开发孩子的智力？怎么保障孩子的安全？怎么让孩子健康成长？

本书针对0~3岁男孩的养育问题，详细介绍了宝宝从出生到3岁的生长发育规律，以及对应的睡眠、喂养、身体护理要点；母乳喂养及人工喂养的差别，以及辅食的添加、断奶的技巧；良好生活习惯的建立以及社会安全教育；疫苗接种及常见疾病预防方法；产后妈妈生理和心理的调理以及哺乳问题等。将男孩在0~3岁的身心健康、衣食住行、教育等问题有序融合在书中，帮助父母化解男孩养育难题。

育儿的前提条件是"爱",这是众所周知的事实。如果父母的爱不充分,就可能会影响孩子的身心健康。现在很多年轻父母还有一个问题就是,没有时间自己带孩子。父母绝不会把即将考中学、大学的孩子交给一个蹩脚的老师,但在3岁前,他们常常将孩子交给一个语言不通,甚至无知的小保姆或者交给传统观念极强的爷爷奶奶带。

老人由于文化层次的限制和溺爱心理,只能使孩子在家里不磕不碰;年轻的父母白天工作繁忙,和孩子在一起的时间也不多,下班后由于身体劳累,只是跟孩子说闹一会儿,就又到了孩子睡觉的时候。宝宝在这种环境中很容易养成孤僻的性格:怕见生人、自私,缺少跟同龄宝宝的合作交往,自己的玩具不给小朋友们玩……

因此,父母要关爱孩子,满足他的合理需求。本书倡导父母重视婴幼儿的情感关怀,满足婴幼儿成长的需求,创设良好环境,在宽松的氛围中,让婴幼儿开心、开口、开窍,强调全面关心、关注、关怀婴幼儿的成长过程,把握成熟阶段和发展过程,关注多元智能和发展差异;学会尊重婴幼儿身心发展规律,顺应儿童的天性,让他们能在丰富、适宜的环境中自然发展,和谐发展,充实发展。强调婴幼儿的身心健康。在保教工作的同时,把儿童的健康、安全及养育工作放在首位,促进婴幼儿生理与心理的和谐发展。要充分认识到人生许多良好的品质和智慧的获得均在生命的早期,必须密切关注,把握机会。要提供适当的刺激,诱发多种经验,充分利用日常生活与游戏中的学习情景,开启潜能,推进发展。

目录
CONTENTS

Part 01 男宝宝的发育进程...001

Part 02 男宝宝的科学喂养...049

Part 03 男宝宝的衣食住行...079

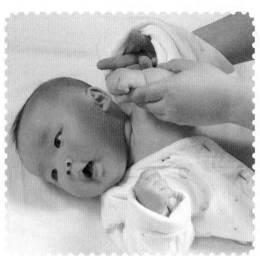

Part 04 男宝宝的智力发育...113

Part 05 产后妈妈也需要护理...145

PART 01

男宝宝的
发育进程

在妈妈的身体里"住"了10个月，宝贝终于跟爸爸妈妈见面了。从只会哇哇大哭的嗜睡宝宝，到牙牙学语、会爬会跑的小男孩，每一天对爸妈来说都是崭新的惊喜和挑战。作为宝贝最可靠的代言人和依靠，爸爸妈妈要了解孩子的生长发育规律，让宝贝健康成长，聪明又帅气！

一 0~1个月，睡眠时间长

宝宝从出生之日起至满28天为新生儿期。新生儿期时间跨度不大，却是儿童发育的第一个重要阶段。

宝宝从出生之日起至满28天为新生儿期。新生儿期时间跨度不大，却是儿童发育的第一个重要阶段。

早期新生儿的睡眠时间相对长一些，每天可达20小时以上；晚期新生儿睡眠时间有所减少，每天在16~18小时。新生儿在出生后2周左右，会将大部分睡眠集中在晚上，形成日间睡眠每次2~3小时，而夜间可以一觉睡3~5小时，长的话，甚至还可达到6~7小时。妈妈不要刻意延长或缩短宝宝的吃奶间隔，这一时期的喂养，应遵从按需原则。

如果这一时期宝宝无法养成良好的睡眠习惯，夜间睡眠较短，则易使宝宝养成吃夜奶的习惯，对此，妈妈一定要注意。

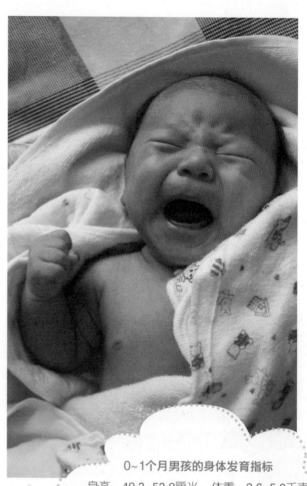

0~1个月男孩的身体发育指标
身高：48.2~52.8厘米　体重：3.6~5.0千克
头围：33.3~38.1厘米

🍄 身体发育

先天反射活动

🍄 **觅食、吮吸和吞咽反射。** 当用乳头或奶嘴轻触新生儿的脸颊时，他就会自动把头转向被触的一侧，并张嘴寻找，这就是觅食反射。新生儿天生会吮吸和吞咽，这也是一种反射。

🍄 **握持反射。** 把手指放在新生儿的手心，轻压其手掌，他会紧紧抓住你的手指。正常情况下，新生儿握持反射会在2~3个月时消失。

🍄 **踏步反射。** 用双手托住新生儿腋下竖直抱起，使他的脚触及结实的表面，他会移动他的双腿做出走路或踏步的动作。踏步反射会在2~3个月时消失，与宝宝学步没有关系。

🍄 **击剑反射。** 当宝宝平躺在床上时，把他的头转向一边，他一侧的胳膊和腿会往外伸，而另一侧的胳膊和腿会向里缩，像击剑运动员的预备姿势一样。

🍄 心理发育

啼哭

新生儿的语言就是啼哭，每日一般4~5次，每次时间较短，累计可达2小时；哭声抑扬顿挫，声音响亮，常常无泪液流出，无伴随症状，不影响饮食、睡眠，玩耍正常。当宝宝出现这样的啼哭时，妈妈最好不要打断宝宝，让宝宝和你"说"一会儿，这是很好的亲子交流。

0~1个月男孩喂养要点

新生的宝宝小小的，但要搞定他还真不是件容易事儿。到底新生儿小小的身躯里蕴涵着多少秘密呢？

01 排尿量小、次多

新生儿膀胱小，肾脏功能尚不成熟，因此每天排尿次数多，尿量小。正常新生儿每天排尿20次左右，有的宝宝甚至半小时或十几分钟就尿1次。由于新生儿宝宝白天醒着的时间较长，吃奶次数也多，所以排尿量、次数也较夜间多些。

02 胎便

新生儿一般在出生后12小时开始排胎便，胎便呈深绿色、黑绿色或黑色黏稠糊状，这是胎儿在母体子宫内吞入羊水中的部分固体成分以及混合胎毛、胎脂、肠道分泌物而形成的大便。3~4天胎便可排尽，吃奶之后，大便逐渐呈黄色。

03 四肢屈曲

宝宝从一出生到满月，总是四肢屈曲。这是正常的，正常新生儿的姿势都是呈英文字母"W"和"M"状，即双上肢屈曲呈"W"状，双下肢屈曲呈"M"状，这是健康新生儿肌张力正常的表现。随着月龄的增长，四肢会逐渐伸展。

04 做好保暖工作

新生儿的温度觉比较敏锐，他能区别出牛奶的温度，温度太高或太低他都会作出不愉快的反应，而母乳的温度是最适宜的。新生儿对冷的刺激要比对热的刺激反应强烈，受环境的温度影响很大，如刚换上冷衣服以及尿湿衣裤和尿布时会出现哭、闹等反应，故妈妈应做好新生儿的保暖工作。

二、1~2个月，体重迅速增长

1~2个月的宝宝体重增长很快，平均可增加1200克；身高增长也比较快，一个月可长3~4厘米。喂养、营养、疾病、环境、睡眠、运动等，都是影响宝宝体重、身高增长的因素。

> **1~2个月男孩发育指标**
> 身高：52.1~57.0厘米　体重：4.3~6.0千克
> 头围：35.2~42.3厘米

这个月婴儿完全可以靠母乳摄取所需营养，不需要添加辅助食品。

虽然宝宝每天大部分时间都在睡觉，可是他的身体在努力地发育，他的大脑在拼命地走出最初的混沌状态。

🍄 身体发育

体能发展：爱动

宝宝满月后，开始变得好动起来。以前的小小"贪睡虫"现在已经熟悉了周围的环境和人，当妈妈走近他时，宝宝就会手舞足蹈，面部也会抖动，嘴还一张一合的。还会攥着拳头放到嘴边吮吸，甚至放得很深，几乎可以放进嘴里。

视力发展：眼睛喜欢追随物体

此时宝宝的注视距离为15~25厘米，太远或太近的东西虽然能看到但看不清楚。当宝宝看到熟悉的或者自己喜欢的人或者物时，就会表现兴奋，眼睛也会放亮。

🍄 心理发育

情感发展：爱笑，尝试说话

这个月的宝宝变得爱笑了，当妈妈面对宝宝微笑时，他会以微笑来回报。如果你盯着看他吃奶，他也会边吃边目不转睛地看着你。当妈妈走近宝宝时，他会兴奋地挥动双臂双腿，发出咯咯的笑声，十分热情地对妈妈表示欢迎。

当爸爸妈妈跟宝宝说话时，他的小嘴也会有说话的动作，嘴唇会微微上翘，向前伸成"〇"形，这是宝宝模仿的意愿，这时候爸爸妈妈要尽量多和宝宝说话，及早培养宝宝的语言学习能力。

🍄 1~2个月男孩的养护要点

01 继续坚持按需哺乳原则

这个阶段的宝宝，基本上可以一次完成吃奶，吃奶间隔时间也延长了，一般2.5~3小时1次，一天7次。但并不是所有的宝宝都这样，一般来说，宝宝一天吃5~10次奶比较正常。如果一天吃奶次数少于5次，或大于10次，要向医生询问或请医生判断是否是异常情况。

03 日光浴：及时为宝宝补充维生素D

宝宝身体正在迅猛生长，骨骼和肌肉的生长需要大量的钙，晒太阳会使皮肤中的7-脱氢胆固醇转化为维生素D，帮助吸收钙和磷，促进骨骼的生长，可预防和治疗佝偻病。紫外线还有很强的杀菌作用，可提高机体免疫力以及刺激骨髓制造红细胞，预防贫血。

02 经常给宝宝洗澡

冬季如果条件允许，最好每天都洗澡，夏季1天要洗2~3次。上午认真地洗1次，下午和晚上睡觉前简单冲一下就可以。如果天气炎热，宝宝出汗较多，随时可以给宝宝冲凉，或者至少要给宝宝皮肤皱褶处洗一洗。

04 开发宝宝智力潜能

爸爸妈妈要多和宝宝交流、做游戏，使宝宝的大脑和体能得到锻炼。比如抚摸妈妈的脸，开发宝宝的触觉；准备可以发出响声的玩具放在宝宝床边，锻炼宝宝的听觉；妈妈做出各种表情，让宝宝观察，了解对方心情等。

 TIPS

不宜过早给宝宝添加米粉类食品

尽量不要过早给宝宝添加辅食，以免增加宝宝脏器负担，造成营养过剩。米粉是以大米为主料的食品，含糖量极高，所含的蛋白质、脂肪、维生素却较少，不符合宝宝生长发育的营养需要。另外，若4个月以内的宝宝进食米糊，容易引起消化紊乱、腹泻、呕吐等，所以不宜过早给宝宝添加米粉类食品。

三、 2~3个月，头竖起来了

宝宝每天都会有小变化，每个月都会有很大的变化。本月宝宝带给妈妈最大的惊喜，莫过于宝宝的头终于可以竖起来了。从此，妈妈抱宝宝会更加轻松，宝宝的视野也会更加开阔。

这个月的宝宝，体重可增加0.9~1.25千克，平均体重可增加1千克，是宝宝体重增长比较迅速的一个月。但并不是所有宝宝都是有规律地渐进性增长，有的呈跳跃性。

与体重相比，身高受种族、遗传和性别的影响较为明显。宝宝身高与标准值不符合，尤其是低于标准值时，爸爸妈妈也不要焦躁不安，认为是喂养不当导致宝宝营养不良等。要综合分析宝宝身高值偏差的原因，结合宝宝的种族、父母和直系亲属的身高水平来判断。

2~3个月男孩的身体发育指标
身高：55.5~60.7厘米　体重：5.0~6.9千克
头围：36.7~43.6厘米

🍄 身体发育

体能发展：头可以竖起来了

宝宝俯卧时，已经可以把头抬得很高，离开床面45°以上，并会慢慢向左右转头。

宝宝开始有自己翻身的意向。当妈妈轻轻托起宝宝后背时，宝宝会主动翻身，这时候宝宝主要是靠上身和上肢的力量，还不太会用下肢的力量。

宝宝会自己竖头了，竖头时间从几秒到数分钟不等。

动作发育：小手变灵活了

宝宝手脚的活动能力越来越强，已经能抓住玩具在手里握很长时间了。宝宝在吃奶时，还会出现小手抓妈妈衣服，或者捧着妈妈乳房的动作，有的宝宝为了使劲就会把小手握拳、松开，并不断反复。

🍄 心理发育

情感发展：更喜欢笑

这个月的宝宝笑的时候更多，只要大人一来打招呼，宝宝就笑得十分欢快，会发出一连串的笑声，有时还会发出"啊、哦"的声音。

✿ 2~3个月男孩的养护要点

01 母乳依然是宝宝最好的食物

此时母乳仍然是宝宝最好的食物，完全符合宝宝的需求。这一时期，宝宝的喝奶量有所增加，喝奶的时间间隔也会延长。以前可能每隔3小时就要喝奶的宝宝，现在可以连睡4~5小时也不会哭闹，到了晚上还可能延长为6~7个小时。现在妈妈终于可以睡长觉了。

02 防窒息

本月宝宝已经会转头，如果枕头太软，宝宝把头转过来就会堵塞宝宝口鼻，这是极其危险的。本月宝宝也不再适合使用带凹的马鞍形枕。如果是带凹的枕头，有溢乳现象的宝宝，吐出去的奶可能会堵塞宝宝的口鼻。这个月的宝宝有时可能会翻身，所以宝宝周围不要放置物品，尤其是塑料薄膜，这会使宝宝有发生窒息的危险。

03 保护好宝宝的视力

很多父母爱给宝宝拍照，但要注意不要使用闪光灯。因为8个月以下的宝宝黄斑还没发育完全，面对闪光灯的强光且瞬间照亮的刺激，眼睛往往一下子难以适应。

宝宝睡觉时最好不要开灯，长期开灯睡觉可能会诱发近视，因为即使隔着眼皮，眼球仍能感光。

04 带宝宝外出注意安全

这一时期宝宝的眼睛已经能够相当清楚地看东西了，出去玩成为他非常喜欢的活动。好奇的小家伙对眼前的世界充满了好奇，他们喜欢变换的风景、清新的空气，喜欢花草树木、蓝天白云，也喜欢遇见不同的人，到不同的地方。因此，爸爸妈妈应适当增加带宝宝到户外去的时间，但要注意做好安全措施。

四、 3~4个月，可爱的大头娃娃

在这个月里，宝宝的头看起来仍比较大，脖子挺得直直的，像个可爱的大头娃娃。之所以会出现这种变化，是因为宝宝头部的生长速度比身体其他部位快。

与前三个月相比，宝宝这个月的身高增长速度开始减慢，一个月增长约2厘米，但与1岁以后相比还是很快的。这个月宝宝的体重可以增加0.9~1.25千克。

这个月，有的妈妈会返回工作岗位，不能全身心哺乳了；宝宝的食量也渐渐增大，这些因素都有可能会导致母乳没有前几个月那么充足了。这时可以先给宝宝添加一次配方奶，如果每天需要添加150毫升以上，那就一直添加下去，同时适当添加果汁、菜汁和蛋黄。如果添加的配方奶一天还不足150毫升，就说明母乳还能够供给宝宝所需的热量，就不必每天按时添加配方奶了。

3~4个月男孩的身体发育指标
身高：58.5~63.7厘米　　体重：5.7~7.6千克
头围：39.7~44.5厘米

🍄 身体发育

运动能力发育：动作姿势很熟练

4个月时，宝宝动作的姿势变得更加熟练了。宝宝俯卧时，可以用肘部支撑抬起头部和胸部，并能随意地向四周观看，还可以从一侧翻滚向另一侧。

俯卧位时，宝宝用两手支撑抬起全身，手可以握住物体，如摇动手中的拨浪鼓或是抓住自己的衣服；腿还可以抬高去踢被吊起的玩具。在拿东西时，宝宝的手指和以前相比变得更加灵活了，可以准确地抓住东西。

视觉：喜欢鲜艳的颜色

在这个月，宝宝的视觉有了很大的发展，已经具备了较强的远近焦距的调节能力，不仅能看清近距离的物体，还可以看到远处比较鲜艳或移动的物体。宝宝的视线变得灵活，可从一个物体转移到另一个物体，并能追视物体。这个月宝宝的眼睛喜欢跟随鲜艳的颜色移动，他们会开始注视电视中的画面，对色彩鲜艳的广告特别感兴趣。

🍄 心理发育

情感发展：宝宝喜好看得见

宝宝开始对周围的事物产生浓厚的兴趣，喜欢和别人一起玩耍，能够认出自己的妈妈和与自己比较亲近的人，还可以认出自己经常玩的玩具。当他高兴时，他会笑起来，还会手舞足蹈地来表达自己内心的快乐，也会自言自语地咿咿呀呀"说"个不停。

🍄 3~4个月男孩的养护要点

01 妈妈上班，让宝宝接受配方奶

这个月里，很多妈妈就要返回工作岗位了，有些妈妈可以通过储存母乳来坚持母乳喂养宝宝，但是另外一些奶水很少的妈妈，此时的奶水已经无法满足宝宝的喂养需求了，这时妈妈就不得不考虑给宝宝添加配方奶了。

03 人工喂养宝宝要注意补水

母乳喂养的宝宝，6个月前一般不用额外补水，正常喂养就行，只有当宝宝尿黄、发烧等特殊情况下可以稍微喝点水。人工喂养或者混合喂养的宝宝，要补充适量的水分，补水时间最好安排在两次喂食之间，每次20~30毫升即可。

02 通过触摸和嘴来识物

宝宝在抓东西的过程中，能够促进眼手协调能力。通过对东西的触摸认识物品，通过嘴来感受物品的过程，这些对宝宝认识外界、感知外界，都是必不可少的。

04 保持皮肤清洁

爸爸妈妈要注意保持宝宝皮肤的清洁，经常给宝宝洗澡，但不要常用沐浴乳，一周用一次即可。洗完澡可以给宝宝适当涂一些润肤油或润肤露，帮宝宝按摩一下，再给宝宝穿好衣服。在此过程中，要避免温度过低而导致宝宝感冒。

TIPS

观察宝宝大便信号，掌握大便规律

一般来说，宝宝大便前会有脸红、用力、屏气、发呆等表现。

爸爸妈妈还可以通过听声音来掌握宝宝大便的情况。大多数宝宝由于肠道内充气，在排便前便会排尿，有时候还会有使劲的声音。

五、4~5个月，可以添加辅食了

从这个月开始，宝宝体重增长速度开始下降。4个月以前，宝宝每个月平均体重增加0.9~1.25千克；从第4个月开始，体重平均每月增加0.45~0.75千克。

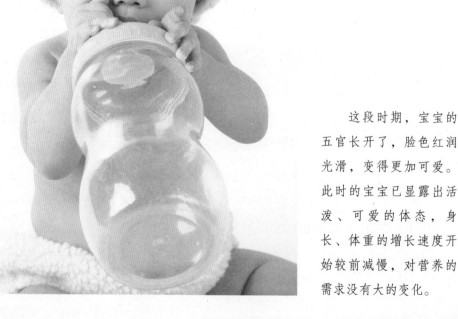

4~5个月男孩发育指标
身高：61.0~66.4厘米　体重：6.3~8.2千克
头围：40.6~45.4厘米

这段时期，宝宝的五官长开了，脸色红润光滑，变得更加可爱。此时的宝宝已显露出活泼、可爱的体态，身长、体重的增长速度开始较前减慢，对营养的需求没有大的变化。

🌸 身体发育

精细动作能力发育：开始抓东西

4~5个月的宝宝会用一只手去够自己想要的玩具，并能抓住玩具，但准确度不够，做一个动作需反复好几次。玩玩具的时候，如果玩具掉到地上，他会用目光追随掉落的玩具。这一月龄的宝宝还有一个特点，就是不厌其烦地重复某一个动作，比如经常故意把手中的东西扔在地上，捡起来再扔；或把远处的一件物体拉到身边，推开，再拉回。如此反复动作，是宝宝在显示他的能力。

大动作能力发育：宝宝会翻身了

到了快5个月时，宝宝已经会翻身了，能够从仰卧翻到俯卧。宝宝由仰卧翻成俯卧时，能主动用前臂支撑起上身，并抬起头。即使没有人在跟前，也不容易堵塞口鼻了。如果支撑累了，宝宝会把头偏过去趴下，以保持口鼻呼吸顺畅。

值得注意的是，这个月龄的宝宝还不会从俯卧翻成侧卧或仰卧，所以爸爸妈妈仍然要时刻不离开宝宝，安全第一。万一宝宝口鼻周围有东西堵住宝宝的呼吸道，那是很危险的。

🌸 心理发育

会用眼睛传递感情了

这个月宝宝的眼睛已经能和父母对视，从他的眼神中，能流露出感情交流的喜悦。看到爸爸妈妈，宝宝还会高兴得手舞足蹈，脸上洋溢着欢快的笑容。

🍄 4~5个月男孩的养护要点

01 可以添加辅食了

5个月的宝宝，如果母乳充裕就不需添加辅食。如果出现夜间频繁醒来吃奶或者体重增加不足，那就提示母乳可能不足了。特别是有些妈妈已经开始上班了，工作的辛劳会让母乳的分泌量明显的下降，需要及时添加奶粉，同时也可以试着给宝宝每天添加一次米糊或蛋黄，从1~2小勺开始，逐渐加量。

02 户外活动要和宝宝交流

爸爸妈妈带宝宝到户外，不是只出去就行了，还要不断和宝宝交谈，把看到的东西指给宝宝，告诉宝宝这是什么，那是什么……宝宝就是这样在爸爸妈妈不断唠叨中认识世界的。如果把宝宝带出去，却只顾着和周围大人聊天，把宝宝晾在一边，这样的户外活动是没有意义的。

03 宝宝会翻身了，要注意看护

这个月，大多数宝宝都会翻身了。爸爸在开心之余不要忽视宝宝的安全问题。千万不要将宝宝独自放在任何高处，如床、桌子、沙发、椅子上等，因为有时候一眨眼的工夫，宝宝就能成功翻过身来，没准儿就会跌落下来。

04 做好护理，击退便秘

5个月龄的宝宝经常会出现便秘的问题。宝宝便秘，爸爸妈妈要做好护理，例如以顺时针方向轻轻推揉宝宝脐部，加快宝宝肠道的蠕动，促进宝宝排便。

六、 5~6个月，开始出牙了

相对于前面的几个月份来说，本月宝宝的身体发育速度仍然较为缓慢，但比上个月要快一些。这个月里，宝宝身高平均增长2厘米，体重可以增长450~750克，头围增长的数值不大。

在这个月里，无论是母乳喂养、人工喂养还是混合喂养的宝宝，都要开始添加辅食了。宝宝在这个阶段最容易缺钙、铁、锌，尤其是缺铁。宝宝出生时从母体里带来的铁到这个月已经消耗得差不多了，为了避免宝宝因缺铁而引起贫血，宝宝要从辅食中进一步获取铁。妈妈可以给宝宝食用鸡蛋黄来达到补铁的目的。动物肝脏、瘦肉末等也是获取铁的来源。对于只喝牛奶而拒绝吃其他辅食的宝宝来说，要注意选择强化铁奶粉。

5~6个月男孩发育指标
身高：65.1~70.5厘米　体重：6.9~8.8千克
头围：41.5~46.7厘米

🎋 身体发育

喜欢啃自己的脚丫

这个月的宝宝不再喜欢躺着了，开始喜欢坐着或站着蹦。喜欢用嘴啃脚丫，就是在躺着时，也会用手把脚丫抱到面前；妈妈喂奶时，也可能会抱着小脚丫，一边吃奶一边玩。

进入出牙期

宝宝的牙龈开始冒出小小的、硬硬的白色小牙苞，这表示宝宝开始长牙了。这段时间，宝宝会变得越来越"疯狂"了，周围有什么东西，他都会放进嘴里乱咬一通，甚至会在吃奶时咬住妈妈的乳头不撒嘴。

🎋 心理发育

情感发育：开始认生

由于对周围世界的认识能力提高，宝宝能认识妈妈的脸，看到疼爱与细心护理自己的妈妈就会笑；看到陌生的人，尤其是陌生的男人，会害怕地把头藏到妈妈的怀里，甚至哭闹。

用身体语言和人交流

宝宝开始喜欢和人交流，尽管不会用语言表达，但已经开始用身体的不同部位、动作、哭、哼哼、闹等方法，向爸爸妈妈述说他要干什么。比如会伸出胳膊让爸爸妈妈抱；爸爸妈妈不抱他会表现出着急的样子；不想吃奶会在妈妈怀里打挺；不想喝水会嘟嘟地吹泡玩，不吸也不咽；不高兴了，会两腿挺直，没有节奏地乱蹬，还可能大哭……

🍄 5~6个月男孩的养护要点

01 不要频繁更换奶粉

每种配方奶粉都有相对应的、符合宝宝成长的阶段分级。因为宝宝的肠胃和消化系统尚未完全发育，而各种奶粉的配方又不尽相同，如果换用另外一种新的奶粉，宝宝又要去重新适应，这样极易导致宝宝腹泻。所以，妈妈给宝宝更换奶粉要谨慎，要循序渐进，不要过于心急，要让宝宝有个适应的过程。

02 宝宝咬乳巧应对

宝宝进入长牙阶段后，吃奶时会叼着妈妈的乳头玩耍，甚至咬妈妈的乳头。妈妈若急忙用力抽拉乳头，乳头就会被宝宝的牙齿弄伤。妈妈可将宝宝紧紧搂向胸口，这样他便会松开乳头张开嘴巴呼吸。

如果宝宝正处于咬乳的阶段，可以在他的嘴角放一根手指，一旦意识到他要咬，就制止他。1周以后，他就知道不能咬了。

03 让宝宝学会按时睡觉

爸爸妈妈要让宝宝形成自身的睡眠规律，保证每天有充足的睡眠：在宝宝睡觉前1个小时，尽量让宝宝吃饱，过半小时再给宝宝洗澡、换上睡衣。洗完之后，立即抱宝宝上床，给宝宝哼一支歌或讲一个故事，告诉宝宝："乖宝宝，我们要睡觉了哦。"这些睡觉前的固定习惯，会让宝宝提前做好睡前准备，有助于宝宝更快地入睡。

04 预防肠套叠

肠套叠是小儿外科最常见的急腹症，如果宝宝突然哭了，面色苍白，额头上冒出好多冷汗，开始呕吐并拒绝吃奶，可能就是患上了肠套叠。

预防肠套叠，爸爸妈妈平时要注意科学喂养宝宝，不可让宝宝过饱或过饥。添加辅食一定要遵循由少量到多量、由一种到多种、由粗到细、由稀到稠的原则。

七、 6~7个月，能坐稳了

这个时期宝宝身体发育开始趋于平缓，但总体还是在逐步增长。这个月身高平均增长2厘米，但这只是平均值，实际可能会有较大的差异。与身高相比，宝宝体重波动不大——平均增长450~750克。此外，头围平均增长1厘米。

6~7个月男孩的身体发育指标
身高：64.1~74.8厘米　体重：6.4~10.3千克
头围：42.4~47.6厘米

最近，宝宝爱上了吃辅食。每次妈妈给宝宝喂完辅食，宝宝都会用小手扒着小碗，还想继续吃。在喂养宝宝的时候，爸爸妈妈应该做到定时、定量、定地点，帮助宝宝养成良好的饮食习惯，有利于形成内在的条件反射，从而为宝宝消化系统的正常运行提供有力保证。

另外，不要让宝宝没有节制地吃零食，否则会让宝宝的肠道得不到休息，影响宝宝的正常进餐。

🍄 身体发育

宝宝牙齿又长出1颗

在本月，许多宝宝下面的2颗门牙就露出来了，但也有的宝宝要到快1岁才开始长牙。出牙期间，宝宝的口水更多，牙床发痒，抓住什么咬什么，妈妈可以给宝宝磨牙棒或者硬的水果让他放在口中咀嚼。

动作发育：宝宝能坐稳了，开始练爬行

在这个月里，宝宝坐的能力有了很大的提高，他的坐姿变得越来越稳当，还可以从趴着的姿势转变成坐姿。有时，宝宝会趴着转圈，找自己的小脚。

这个月，小宝宝还会开始练习爬行，其爬行动作会变得渐渐很有章法：两只小手在前面撑着，小腿在后面使劲蹬，而且还能用胳膊做支点转圈或后退。当你拉宝宝站起来时，宝宝会自己用力，平衡能力也越来越强了。

🍄 心理发育

情感发育：宝宝情感表达越来越丰富了

在这个月里，宝宝的高兴或不高兴都会"写"在脸上，爸爸妈妈可以通过观察宝宝的表情或眼神，来判断宝宝是要玩、要吃还是拉或者睡。如果妈妈将宝宝手中的玩具拿走，他就会撅起小嘴；若是妈妈不将玩具还给他，他就会放声大哭。见到陌生人时，宝宝的双眼会一眨不眨地盯着陌生人，或者会表现出不快，还可能把脸和身体转向亲人。

6~7个月男孩的养护要点

01 坚持母乳喂养

如果条件允许，母乳喂养可持续到2岁，因为母乳喂养的宝宝更加不容易生病。

人工喂养的宝宝，不能完全用辅食替代，妈妈要想尽办法让宝宝摄入配方奶。

02 妈妈有妙招，宝宝不"认生"

妈妈要多带宝宝出去走走，经常去人多的地方，逐渐养成宝宝适应陌生环境的能力。

也可以带宝宝多多接触身边较为熟悉的亲人，之后再逐步让宝宝接触一些陌生人，让宝宝逐渐养成和陌生人交往的能力。

03 预防缺铁性贫血

宝宝6个月以后，极易患缺铁性贫血。预防缺铁性贫血，首先要提倡母乳喂养。

另外，要多给宝宝添加含铁元素较多的食物，如蛋黄、菜泥、肉泥、鱼泥、肝泥、瘦肉粥、动物血等。

04 计划免疫：保护宝宝身体健康

爸爸妈妈一定要按照免疫程序全程为宝宝进行接种。

有的宝宝在接种疫苗后会发生"接种反应"。一般来说，这些反应并不十分严重，24小时之后就会自然消失。

6~7个月宝宝每日饮食安排表

时间	喂养内容	时间	喂养内容
6:00~6:30	母乳或配方奶220毫升，面包或馒头片1~2片	15:00	1~2片面包，母乳或配方奶150毫升
9:00~9:30	3~4块饼干，母乳或配方奶120毫升	18:30	1碗番茄鸡蛋面，苹果泥或香蕉泥
12:00~12:30	1碗大米粥（20克），肝泥（20克）	22:00	母乳或配方奶220毫升

八、 7~8个月，可以训练爬行了

7~8个月的宝宝体重、身高增长速度逐渐缓慢，但绝对值是上升的，增长曲线呈现为一条不规则的上升抛物线。本月体重有望增加0.22~0.37千克，身高有望增长1.0~1.5厘米。

7~8个月男孩发育指标
身高：68.3~73.6厘米　体重：7.8~9.8千克
头围：42.5~47.7厘米

这个月宝宝营养需求的重点是增加含铁食物的摄入量，适当减少脂肪（牛奶）的摄入量，减少的部分由糖类（粮食）来代替。

🍄 身体发育

动作发育：活动能力更强了

宝宝这个月坐得更稳了，坐着的时候，小脑袋还能自由地转动，其视野更开阔了。有的宝宝爬的意愿非常强烈，有的却不愿爬，这就导致有些宝宝可以爬来爬去十分快乐，有些宝宝却还不会爬行。

牙齿没几颗，却爱啃东西

这个时期的宝宝，牙齿已经萌出几颗，因此特别喜欢啃东西，基本上是逮着东西就往嘴里送咬。玩具、奶瓶甚至妈妈的肩膀和乳头，都会成为宝宝的啃咬对象。

🍄 心理发育

宝宝的个性初显端倪

这个月宝宝对待玩具、对待父母和对待生人的态度，跟宝宝的个性有很大的关系。有的宝宝个性胆小、文静，特别黏父母，遇到生人会抗拒、害怕；有的宝宝却能跟任何生人在短时间内熟络起来。

宝宝不再"任人摆布"了

8个月的宝宝已经有了自己的意愿和想法，他不再"任人摆布"了。当他不喜欢吃某种食物时，会用手推开，有时还会左右晃脑袋躲闪，即使喂到嘴里也会吐出来。当他想要一个玩具时，如果爸爸妈妈给了他另一个，宝宝则不会像以前那样顺从地接受，而是会执拗地伸出自己的小手，指着自己想要的玩具，直到爸爸妈妈将玩具拿给他为止。

7~8个月男孩的养护要点

01 继续添加辅食，但要保证奶类的摄取量

本月除了可以继续给宝宝吃上个月的辅食，还可以添加肉末、豆腐、蛋黄、苹果、猪肝泥、各种菜泥等。

虽然辅食的量慢慢增多，但这时期还是应以母乳为主食。授乳量虽然会慢慢减少，但仍应保证每天至少授乳3~4次，总量达到500~600毫升。

02 训练宝宝自己吃东西

这个阶段给宝宝喂辅食的时候，宝宝喜欢用手去抓食物。因此妈妈可以趁机训练宝宝自己吃东西的能力。宝宝一旦发现自己可以给自己喂东西吃，他会愿意尝试不同种类的食物。一开始宝宝可能还无法协调自己的手指，慢慢地就知道该怎么做了。所以，妈妈在这个时期要鼓励宝宝独立进食。适合锻炼宝宝吃东西的食物有：面包、磨牙饼、切成片的水果等。

03 充分锻炼宝宝四肢

这个月，爸爸妈妈要加强对宝宝的动作训练，使宝宝的四肢得到充分的锻炼。有些宝宝爬行时腹部依然不能离开床面，爸爸妈妈可用手或悬吊的毛巾将宝宝的腹部托起，使宝宝的重心落在手和膝上，让宝宝在爬行的过程中学会手膝并用。等宝宝学会了用手和膝盖爬行，妈妈可以训练宝宝学习手足爬行。

04 预防气管异物

这个时期的宝宝长乳牙了，动手能力也增强了，危险系数也增加了，特别容易发生气管异物。宝宝可能会把玩具上不结实的零件扯下来，放到嘴里，也可能会把已经啃坏的玩具啃一块下来。气管异物的危险一定要特别注意，爸爸妈妈要仔细检查孩子的玩具，不要把一些细小的东西放在宝宝身边。

九、8~9个月，爬得越来越娴熟

宝宝到9个月大时会出现一定程度的个体成长差异性，有的宝宝到了这个月龄已经爬得很娴熟了，而有的宝宝到这个月龄还不会爬；有的宝宝已经有好几颗牙齿了，而有的宝宝还没有出牙。对于这些差异，妈妈们不用太担心，关键在于做好日常护理和指导，并让宝宝多学习和尝试。

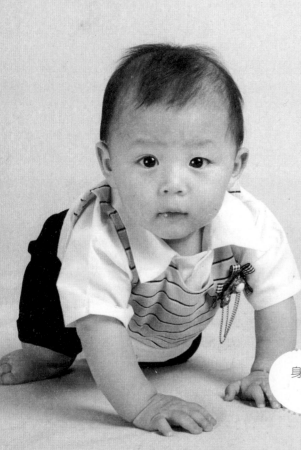

宝宝到这个月对母乳已经不是那么依赖了，他对妈妈准备的美味来者不拒，果泥、肉泥、新鲜水果、面条都很喜欢吃，不过在晚上睡觉前的那一餐还是要喝妈妈的奶才能入睡。

母乳喂养的重要性从出生后6个月开始减弱，到了这个月，妈妈的乳汁分泌量开始减少，宝宝也习惯吃辅食了，因此母乳每天喂3~4次就可以了。

8~9个月男孩发育指标
身高：67.0~77.6厘米　体重：7.2~11.3千克
头围：43.1~47.9厘米

🍄 身体发育

大动作发育：能坐稳、会爬、想学站立了

本月宝宝已经能稳稳地独坐，还可以自由地扭转身体，视野也随之变得更加开阔了。不仅如此，当宝宝想拿到远处的玩具时，他还会由坐改成爬。有些腿劲大的宝宝，甚至跃跃欲试地想要学站立了。

精细动作发育：食指和拇指对捏

以往，宝宝拿东西都是用手抓或捧，到本月，宝宝能用食指和拇指捏住小东西，初步掌握了精细动作的技巧——运用手指间的配合。现在，宝宝也学会同时用双手拿东西了，会双手配合着玩耍了。

🍄 心理发育

与爸爸妈妈的交流多了

开始认识爸爸妈妈的长相了，如果把爸爸妈妈的照片拿给宝宝看，他会认出来，高兴地拍手，看到其他人的照片反应就会比较平淡。开始黏妈妈，妈妈去上班可能会哭，看到爸爸妈妈下班回来会很高兴。

开始喜欢小朋友

看到小朋友高兴得双脚乱蹬，会去抓小朋友的头或脸。有的孩子见什么人都笑，喜欢让人抱，像个小外交家，但有的孩子却更加认生。喜欢看电视，能盯着电视看上几分钟。

🌳 8~9个月男孩的养护要点

01 继续添加辅食

9个月的宝宝饮食应该仍以母乳为主，以辅食为辅。妈妈可以逐步增加辅食的量、品种和喂食次数，渐渐让辅食规律化。

03 学步车不用为好

7、8、9这3个月龄是宝宝练习滚、爬的最佳时机，而坐上学步车，宝宝在家里可以移动自如，滚、爬对宝宝的吸引力就会大大降低。宝宝缺乏真正的锻炼，不利于宝宝学站练走。

02 少给宝宝穿开裆裤

开裆裤能给妈妈省去不少麻烦，可是却会给宝宝带来不少危害。妈妈在方便自己之余，也要做好下列防护工作：宝宝未满1岁时，可以在开裆裤里垫上尿布；每天为宝宝清洗小屁屁，保持局部清洁；随时留意宝宝裸露部位的健康。

04 正确护理宝宝长牙

宝宝长牙前会出现流口水、哭闹、发热、喜欢咬手指等现象，爸爸妈妈要注意观察其长牙情况。在此期间，要纠正宝宝的一些不良习惯，如使用安抚奶嘴；对宝宝经常啃手指、咬嘴唇、吐舌头等小毛病要加以制止。

TIPS

纠正宝宝摸"小鸡鸡"的习惯

给予正确的引导。让宝宝玩需要双手协调的游戏，比如搭积木、吹肥皂泡泡、敲打玩具出声、开动玩具小汽车等，分散宝宝的注意力。

跟宝宝讲明道理。如可以说："小鸡鸡不能玩了，如果你用手玩小鸡鸡，尿尿就会疼呢！"可边讲道理边用坚定的眼神制止，并把他的手悄悄移开。

9～10个月，试着站起来

这个月，宝宝个子长高了，语言学习能力快速提高，"爸爸""妈妈"已经成了他的口头禅。除了能像上个月那样坐、爬之外，宝宝这个月还能扶着物体站立了，有时候甚至还能横着走两步。这一切都表明宝宝的手脚协调能力、腿部肌肉力量和运动技巧有了很大的进步。

这个月宝宝的营养需求和上个月没有太大的区别，添加辅食可以补充充足的维生素A、维生素C、维生素D、蛋白质和矿物质等。9~12个月是缺铁性贫血发病的高峰月龄，这时应多给宝宝吃含铁丰富且易吸收的动物性食物，如肝脏、血和瘦肉等。

9~10个月男孩的身体发育指标
身高：71.0~76.3厘米　体重：8.6~10.6千克
头围：43.2~48.4厘米

🍄 身体发育

小手更灵巧

宝宝的手指越来越灵活了，会用拇指和食指捏起很小的物体；能自己拿汤匙进食——尽管食物洒得到处都是。同时，宝宝的手部敏感期来临，看到什么东西都想用小手摸一摸，所以爸爸妈妈一定要加紧看护，告诉宝宝哪些东西不能摸，哪些东西可以放心摸。

爬的能力增强

宝宝爬得更快了，时常用四肢支撑着身体，把屁股翘得老高，低下头看自己的脚丫。也有的宝宝这个月还不会很好地爬，虽然已经站得很好了，也会向前迈一两步，但还是要训练宝宝爬。

🍄 心理发育

会察言观色了

这个月的宝宝已经学会察言观色了。如果妈妈笑、赞赏宝宝，他会明白自己可以这么做；如果妈妈表情严肃，用责备的语气制止宝宝，宝宝会知道这件事是不可以做的。因此，在日常生活中，爸爸妈妈要注意用表情及时纠正宝宝的不良行为。

求知能力增强

这个时期的宝宝求知欲很强，给他看画册、教他认识事物，他都会表现出浓厚的兴趣。爸爸妈妈要注意利用宝宝的这一特点加强对宝宝的智力开发，多跟宝宝一起做益智游戏。

🌲 9~10个月男孩的养护要点

01　逐渐改为一日三餐制

这一阶段，爸爸妈妈可以根据宝宝的饮食情况，逐渐改为一日三餐制。每天可以分早、中、晚三次喂宝宝吃辅食，基本与大人的进食时间同步。早晨先给宝宝吃母乳或者配方奶，然后适量给宝宝吃点辅食；中午在大人进餐时间喂第二次辅食，午睡前或者午睡后给宝宝吃一次奶；晚餐时间仍然给宝宝喂辅食，睡觉前再喝一次奶。

02　帮宝宝摆脱"恋母情结"

妈妈应在宝宝具备足够自理能力时，在日常生活中注意训练宝宝的自我动手能力和独立性格，如试着让宝宝用勺子吃饭，让宝宝学着独自入睡等。另外，可试着扩大宝宝的"交际面"，带宝宝多多接触陌生人，转移和减缓宝宝对妈妈的过度依恋。

03　宝宝发热要科学护理

如果宝宝发热了，爸爸妈妈应首先确定宝宝的体温，然后选择合适的护理方法。

如宝宝的体温为37.5~38℃，爸爸妈妈要注意给宝宝保温，尽量将室内温度控制在19~20℃，打开窗户保持室内空气的流通。

04　为宝宝选择一双合适的鞋子

刚学走路的宝宝，穿的鞋子一定要轻，鞋帮要高一些，最好能护住踝部。会走以后，可以穿硬底鞋，但不可穿硬皮底鞋，以胶底、布底、牛筋底等行走舒适的鞋为宜。

宝宝的小脚丫生长速度很快，妈妈最好是每隔大约两个星期就注意一下宝宝的鞋是否小了。

十一、 10~11个月，蹒跚学步

这个月宝宝已经能摇摇晃晃走几步路啦。身高平均增长1.0~1.5厘米，体重平均增长0.22~0.37千克。低于或高于这一平均标准，不能就认为孩子发育不正常，要根据婴儿身高、体重增长曲线图进行判断。

这个月的宝宝接受食物、消化食物的能力有所增强，一般的食物几乎都能吃了。宝宝营养来源的重心已渐渐从配方奶转换为普通食物。这个月，宝宝的营养需求和上个月差不多，蛋白质、脂肪、糖分、矿物质、微量元素及维生素的量和比例没有大的变化。

10~11个月男孩的身体发育指标
身高：69.6~80.2厘米　体重：7.9~12.0千克
头围：43.7~48.9厘米

🌳 身体发育

开始蹒跚学步

　　这个月的宝宝运动能力又有了明显的提高，有的宝宝能够不扶东西站起来了，有的能扶着东西向前迈几步，如果妈妈领着则能走很长时间。这个时期，宝宝学走路的意愿很强烈，如果妈妈抱着，他会强烈"要求"下地走路。如果是坐在学步车上，他会在学步车的帮助下到处乱走。

🌳 心理发育

开始有意识地叫爸妈了

　　宝宝七八个月时，已经开始发出"baba""mama"等音，但那是无意识的。但到本月，宝宝已经能有意识地叫爸爸、妈妈了。这是一个可喜的进步。这段时期，爸爸妈妈要多和宝宝说话，鼓励宝宝开口说话，为宝宝创造一个良好的语言环境。

有了较长的记忆力

　　宝宝对事情、物体的记忆力已经可以达到24小时以上，而较为深刻的人或物，还可以记更长时间。如朝夕相处的妈妈出差几天回来，宝宝依然熟悉妈妈的样子和味道，还会张开双臂让妈妈抱。而宝宝对不愉快的记忆也会比较深刻，如打针、吃药等，看到白大褂会哭闹。

🍄 10~11个月男孩的养护要点

01 让宝宝学习自己进餐

10个月以上的宝宝总想自己动手，喜欢摆弄餐具，这正是训练宝宝自己进餐的好时机。妈妈可以教宝宝用简单的餐具自己给自己喂食物啦。

02 把握宝宝学习走路的最佳时机

宝宝最先开始学走路的时候，是自己扶着支撑物独自站起，然后开始拖着脚走，渐渐地可以越走越快。当宝宝离开支撑物，能够独立地蹲下、站起，并能保持身体平衡时，才真正到了宝宝学步的最佳时机。

03 纠正宝宝爱咬人的坏习惯

11个月大的宝宝有时会突然咬别人一口，这是因为出牙牙龈痒而引发的。当宝宝咬人时，爸爸妈妈要用语言或行动制止宝宝的行为，告诉宝宝这样做是不对的，并正确地引导宝宝该怎么做。

04 宝宝呼吸道感染要科学护理

宝宝得了急性上呼吸道感染，妈妈千万不要马上给宝宝服用抗生素，应以清热解毒、止咳化痰的中药治疗，服用抗生素的治疗应在医生的指导下进行。患病期间宝宝应得到充分的休息，多喝水。

10~11个月宝宝每日饮食安排

时间	喂养内容	时间	喂养内容
6:00~6:30	粥1小碗，肝泥或鸡蛋半个	15:00	配方奶150毫升，小花卷1个，水果20克
9:00~9:30	配方奶150毫升	18:30	软面条1小碗，鱼、蛋、蔬菜或豆腐30克
12:00~12:30	米饭1小碗，肉末20克，蔬菜30克	22:00	配方奶150毫升

十二、 11~12个月，牙牙学语

快满周岁的宝宝能耐可真不小，他可以一眼认出人群中的爸爸妈妈；爷爷奶奶一进门，他就会拍手欢迎，急着让他们抱，有时候还会一边把手伸过去，一边说"抱一抱一"。

宝宝在这个时期不但认识亲人，还能分辨出到家里来的陌生人和熟人。经常来的客人，宝宝会对着他们笑；如果是第一次来的陌生人或很长时间没有见过面的人，宝宝会瞪大眼睛看着他们并拒绝让他们抱。

和出生时相比，快满周岁的宝宝有了很大的变化：体重是出生时的3倍多；身长约为出生时的2倍；胸围比头围稍大些；原来那笔直的脊梁骨变得微微弯曲。

宝宝快1岁了，开始从以乳类为主食逐渐向正常饮食过渡，但这并不是说要完全断绝奶制品供应。即使已断了母乳，每天也应该给宝宝喝配方奶，要保证宝宝每天摄入400~500毫升的配方奶。

11~12个月男孩发育指标
身高：73.4~78.8厘米　体重：9.1~11.3千克
头围：43.9~49.1厘米

🌳 身体发育

会蹒跚走路了

宝宝在本月已经能离开爸爸妈妈的扶牵，独自走一小段路了。不过，宝宝的运动能力发育有快有慢，有的宝宝可能要到1岁以后才会走，这也是正常的。

喜欢嘟嘟囔囔说话

这个月的宝宝已经掌握了不少词汇，如想撒尿时会说"嘘嘘"，想吃奶时会说"奶奶"，还会说"拜拜""抱抱"等叠词。不过，很多时候宝宝会连续地发出一串音，但是妈妈却听不懂是什么意思。妈妈要鼓励宝宝多发音，千万不要打击宝宝开口说话的积极性。

🌳 心理发育

自我意识增强

这个月宝宝最大的变化就是自我意识的增强，什么事情都希望"自己来"：自己走路、自己拿东西、自己拿勺子吃饭……之所以会出现这种情况，是因为宝宝不断增强的自我满足感和肢体灵活能力促使他去探索新鲜的世界，这标志着宝宝自我意识和独立意识的萌发和增强。

理解能力更强

这个月宝宝能听懂的语言远远超过他本身会说的话。有时候大人在交谈，在一旁玩的宝宝看似没有在认真听，但实际上大人说的话他正用心地理解呢。爸爸妈妈要为宝宝提供一个良好的语言学习环境，避免在宝宝面前吵架。

🌳 11~12个月男孩的养护要点

01 培养宝宝良好的吃饭习惯

这个阶段，即使宝宝不能自己吃饭，也要让宝宝洗干净手，坐在椅子上，围在桌边和大人一起吃饭，让大人吃饭的行为带动宝宝吃饭，逐渐培养宝宝良好的吃饭习惯。

由于宝宝与全家人一起吃饭，家里人的饮食习惯会潜移默化地影响宝宝。因此，家里人，尤其是爸爸妈妈要改变不良的饮食习惯，不要有偏食的习惯，以免上行下效。

02 宝宝学走路仍是本月重点

初学走路的宝宝会经历一个恐惧期，表现为既期待又害怕跌倒。当宝宝身体摇晃的时候，爸爸妈妈一定要扶好宝宝，给宝宝安全感，并要及时地鼓励宝宝。

03 引导宝宝开口说话

在生活中，妈妈可随时随地教宝宝学说话，或是通过儿歌、讲故事、玩游戏教宝宝学说话，寓教于乐。千万不要让宝宝刻板、枯燥地学习，否则很容易让宝宝失去学说话的兴趣。

04 预防手足口病并妥善护理

平时要注意对宝宝的卫生护理，做到饭前、便后及外出后都要用洗手液或肥皂给宝宝洗手；宝宝的奶瓶、奶嘴使用前后都要充分清洗干净；保持家庭环境的卫生，居室要经常通风；及时对宝宝的衣被进行晾晒或消毒。不要让宝宝喝冷水、吃生冷的食物。

TIPS

培养宝宝用水杯喝水的习惯

当宝宝已经能够走路、讲话、自己动手吃饭时，就该逐渐学习使用水杯了。用餐时如果宝宝感到口渴，可以让他先用水杯喝水，然后再使用奶瓶。一旦小家伙习惯了新的喝水方式，你就可以让他完全脱离奶瓶了。

十三、

1~1.5岁，脾气变大了

宝宝正式进入幼儿期，要掌握三种技能：走路、说话和思考。虽然精神和运动能力发展迅速，但体重增长变慢了，身体长势的变缓使胃口变差了，所以这个阶段宝宝常被认为"挑食"。热量摄入减少了，消耗的却多了，宝宝变得越来越"苗条"。

从现在开始宝宝每时每刻都闲不住，够每一种能碰到的东西，从每一样接触的东西里学习，会转动门把手，按按钮，拉抽屉，这是一个探索和试验的阶段。

1~1.5个月男孩的身体发育指标
身高：79.4~85.4厘米　体重：10.3~12.7千克
头围：43.7~51.6厘米

🌸 身体发育

走得更快更熟练

1.5岁的宝宝已经掌握了很多"花样走法"，不但可以往前走，还会横着走，甚至还能够倒退着走，这些都反映了宝宝的平衡感和肌肉力量在不断增强。但是思维总是超过能力，脑子跑得比腿快，还是常常会跌倒。

动手能力提高

宝宝在这个时期的动手能力不断提高，除了能堆更多更高的积木外，他们还喜欢那些能互相粘连、结合的积木。除了自己的玩具，宝宝还想要大人手里的东西，比如爸爸的剃须刀、抽屉里的各种东西……

🌸 心理发育

父母的小帮手

宝宝能站能走之后，就变得勤快起来，总是用他的新技能来"帮"爸爸妈妈。比如爱上厨房：从洗碗机里把碗盘拿出来；对餐具特别有兴趣，如果能够到放刀叉和勺子的篮子，他会特别兴奋。因此，爸爸妈妈要把刀叉等危险品拿开。

模仿行为

能够模仿大人跟着节拍做简单的体操动作；能模仿大人说话，如大人说"洗洗手，要吃饭了"，宝宝会模仿说"吃饭了"；还会模仿动物的声音，如狗叫的声音，或电视里某个人物的声音。

🍄 1~1.5个月男孩的养护要点

01 断母乳不意味着断奶

断母乳以后，也要让宝宝坚持喝牛奶。奶作为食物的一个种类，能提供丰富的蛋白质，有利于宝宝生长发育。但如果宝宝非常拒绝喝牛奶，也不要逼宝宝，也许过几天，宝宝就能接受了呢。

02 和宝宝聊天，丰富宝宝的语言

和宝宝一起看绘本，一起聊天，丰富宝宝的语言。看的时候，可以指着插图问："这是什么？"唤起他的记忆，把书里的形象跟实际生活中的物体联系起来，让宝宝享受说话的乐趣，而非学习任务。

03 宝宝脾气变大了

宝宝现在会尝试做很多事情，尝试用语言跟他人沟通，但掌握的技能又往往不能满足需求，有时候就容易出现烦躁易怒的情绪，妈妈应该多体谅宝宝，帮助宝宝疏导情绪，而不是跟宝宝对着干。

04 可能会发生屏气

有些宝宝生气时，会大哭，随即出现屏气，口唇、面色青紫，两眼上翻，手足舞动，"不省人事"，历时2~3分钟后缓解。这是由于宝宝的神经系统发育不稳定造成的，家长不必惊慌，可稍用力拍打宝宝的面颊部。

 TIPS

宝宝抓住危险的东西怎么办

宝宝对喜欢的玩具会紧抓不放。如果宝宝抓住一个危险的东西，比如刀，一定不要试着从他手里抢下来。宝宝会抗议，可能会弄伤你或弄伤他自己。

你可以握住宝宝的手，轻轻按压他的手腕，让他无法抓得太紧，然后说："把东西给妈妈。"同时给他一个有同样吸引力但是安全的玩具。

十四、 1.5~2岁，动手能力提高

宝宝现在动手能力更强了，能用手捻书页，一页页地翻书。当宝宝遇到困难求助于妈妈时，可以锻炼宝宝动脑解决问题的能力，妈妈给予关心和协助，宝宝一般都能顺利解决问题。

语言功能发展好的宝宝，这个月已经可以说一些完整的简单句子了，如爱问"这是什么""那是什么"。喜欢跟在比自己年龄大的小朋友后面玩。

1.5~2岁男孩的身体发育指标
身高：84.3~91.0厘米　体重：11.2~14.0千克
头围：44.6~52.5厘米

🌳 身体发育

运动技能：跑、爬、跳

宝宝跑得更快，并且跑得更稳了，以前得昂着头保持平衡，现在能低头看自己的脚，躲开路上的障碍物了。宝宝现在还能独自上楼梯，但还是每次两只脚一起爬同一个台阶，还喜欢到处乱跳。

动手能力提高

宝宝喜欢翻书，以前一翻就是两三页，现在可以一次翻一页。

这个阶段宝宝还喜欢转旋钮、按按钮；喜欢堆大块的海绵积木、纸板积木，堆得比自己还高，然后把它推倒。

🌳 心理发育

自我意识增强

这个阶段，宝宝更能意识到自己是谁，自己在哪里，自己能做什么，还有不能做什么。意识的快速增长得益于思考和推理能力的增强，也是认知能力的发展。现在宝宝在说和做之前，头脑里会先形成概念，这会使爸爸妈妈和宝宝相处得更加愉快。

开始表达自己的意愿

宝宝边指东西边咕哝的阶段差不多要过去了，此时宝宝几乎能口头表达出他所有的需要："出去！""吃饼干！""走开！"用语言就能达到目的，他哭闹的次数也少了。现在如果想吃东西，可能会自己跑到厨房或在冰箱里找吃的。

🍄 1.5~2岁男孩的养护要点

01 亲子体操的乐趣

宝宝现在完全明白自己的身体能做出什么动作来，他现在最喜欢翻跟头。爸爸妈妈和宝宝一起做亲子体操，既能教会宝宝许多有趣的动作，又能促进亲子感情，也对自己的健康有益。

03 不要空洞说教

这个年龄的宝宝可以听懂一些道理了，能读懂父母的表情，能听懂赞扬和批评，能知道谁喜欢他等等。但切忌和宝宝空洞说教，爸爸妈妈可以根据宝宝自身的经验和理解说一些简单的道理。

02 哭闹也许是疲倦引起的

如果宝宝兴趣盎然地玩了半天，忽然开始哭闹了，妈妈也许会以为是宝宝无聊，继续带着宝宝玩，这时宝宝会哭闹得更凶。其实是宝宝累了，需要休息，只不过宝宝尚不能明白"累"这种感受，不知道该怎么做。

04 尊重宝宝的秩序感

这个年龄的宝宝由于行为能力有限，即便非常努力地想做好某件事，也会常常导致混乱的结果。但要尊重宝宝，给他合适的储藏空间，让他能整理自己的小天地。

TIPS

小心宝宝肘部脱臼

有时候要离开一个地方了，但是宝宝不愿意走。爸爸妈妈抓住他的手腕往一个方向拉，宝宝却往另一个方向扯，这种"拔河"的结果就是宝宝手臂抬不起来了，软软地挂在一边。这叫"脱臼"，医生很容易就能将它复位，不会产生持续性的疼痛。

但爸爸妈妈要注意在玩游戏或必须抓住宝宝小臂时，应同时抓住两条胳膊，这样就不容易拉伤肘部了。

十五、2～2.5岁，喜欢蹦来蹦去

现在宝宝已经可以不需要爸爸妈妈的帮助就能双脚跳了，因此很喜欢到处蹦来蹦去，不仅会从高处往低处蹦，还会尝试从低处往高处蹦。

要注意保护宝宝，小心磕坏牙齿。在喂食宝宝的时候，应刻意拉长两口饭菜的间隔时间，让宝宝有充足的咀嚼时间。

2～2.5岁男孩的身体发育指标
身高：88.9～95.8厘米　体重：12.1～15.3千克
头围：45.3～53.1厘米

🍄 身体发育

身体运动与控制能力

宝宝能够独立一只脚蹬上楼梯，另外一只脚随后跟上，双足并拢后再上另一级楼梯。

宝宝能把方形的纸对折，边角基本整齐。

🍄 心理发育

社会适应能力

宝宝能帮助大人做些事情，如能帮助大人把别人叫过来。

🍄 2~2.5岁男孩的养护要点

01 建立规律的生活习惯

有规律的生活让宝宝觉得外界是他所熟悉的、了解的、可以掌控的，有助于建立宝宝的安全感。

02 让孩子自己吃饭

选择有把手、小巧、有卡通图案的杯子和大小适合的汤匙，让宝宝与家人一起用餐。

03 给宝宝积极的评价

此时宝宝非常关注周围人对他的评价，如果听到夸奖或鼓励的话，宝宝会很开心；如果总是听到指责，宝宝会觉得沮丧，同时丧失自信心，而放弃努力。

十六、 2.5~3岁，语言能力增强

孩子步入3岁，体形已经变得颀长，彻底告别了胖呼呼、大脑袋的小孩子形象。现在灵活好动，小手发育也逐步完善，可以自己剪贴、系带。

有丰富的想象力，但事实和虚构尚不能分清，孩子的好奇心在这个阶段也会爆发。耐心解答孩子的"十万个为什么"，他的认知能力会飞速发展。

2.5~3岁男孩的身体发育指标
身高：91.1~98.7厘米　体重：13.0~16.4千克
头围：45.7~53.5厘米

🍄 身体发育

能双腿蹦，蹦时可以离开地面。

能够用积木搭出门的形状。

🍄 心理发育

宝宝喜欢问问题，如"那是什么啊？""为什么啊？"

宝宝会自己刷牙了。

🍄 2.5~3岁男孩的养护要点

01 语言描述能力增强

这时的孩子能使用"我"代替自己的名字；能够将自己的姓和名分开说；还能用自己的语言讲述简单的经历。

02 运动技能

此时的孩子能绕开行进中的障碍物跑到你跟前；你站在孩子对面，他能把皮球比较准确地扔给你。

03 认识和动手能力进一步提高

孩子能正确地区分大小不同的东西；认识身体的各个部位，能区分性别；还能用勺子搅动杯中液体。

04 社会性：模仿、遵守规则

孩子能模仿大人随着音乐拍手、踏步、前进；参加需要轮流进行的游戏时，能遵守排队的规则；会主动向熟悉的人问声好。

PART 02

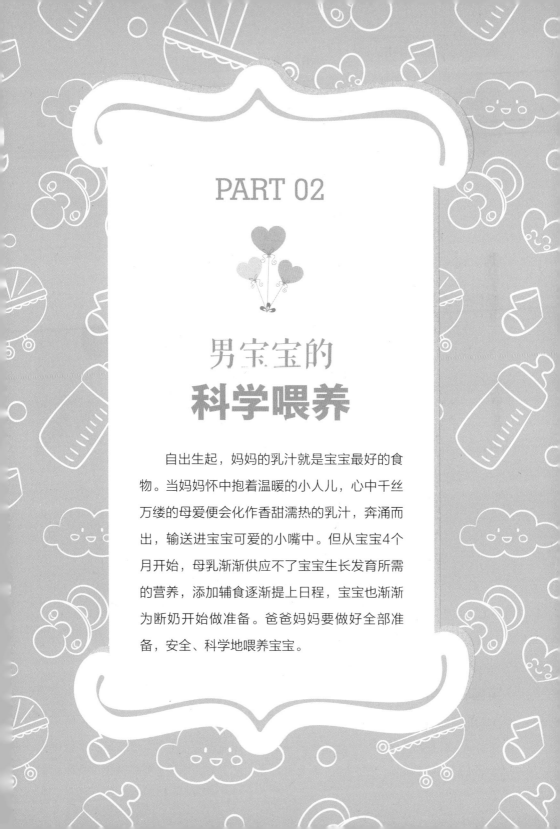

男宝宝的
科学喂养

　　自出生起，妈妈的乳汁就是宝宝最好的食物。当妈妈怀中抱着温暖的小人儿，心中千丝万缕的母爱便会化作香甜濡热的乳汁，奔涌而出，输送进宝宝可爱的小嘴中。但从宝宝4个月开始，母乳渐渐供应不了宝宝生长发育所需的营养，添加辅食逐渐提上日程，宝宝也渐渐为断奶开始做准备。爸爸妈妈要做好全部准备，安全、科学地喂养宝宝。

母乳喂养和人工喂养的窍门

面对宝宝，妈妈总是恨不能把所有的爱都给他。可是，小宝宝只需要他自身所需要的。不论用哪种方式对宝宝进行喂养，新手妈妈都要仔细总结宝宝的需求，科学喂养，给宝宝最合适的营养。

母乳喂养的正确姿势

妈妈的姿势

在椅子上哺乳时，可以在椅子前面放一个矮脚凳，这样你可以双脚踩在上面以抬高腿部。当你坐在床上，可以在背后多放几个枕头，帮助你坐直。此外，还可以在膝盖下垫上枕头，腿上和抱宝宝的胳膊下也各放一个枕头。

宝宝的姿势

把宝宝身体放直横躺在你怀里，整个身体对着你的身体，脸对着你的乳房。宝宝的头和身体应该保持一条直线，不要向后仰或歪着。不要让宝宝扭头或是伸长脖子才能够碰到乳头。喂奶时，要注意不要让宝宝的身体摇晃而偏离你的身体。

正确握乳房的姿势

许多新手妈妈习惯用剪刀手的姿势去握乳房，这种姿势不利于乳汁的分泌。正确握乳房的姿势应该是：手贴在乳房下的胸壁上，拇指在上方，另外4个手指头捧在下方，用食指托住乳房，形成一个"C"字。注意手指头要离开乳晕一段距离，不要离乳头太近。

判断宝宝是否有效吮吸

宝宝是否在有效吮吸，可以从以下几个细节来判断：

只看到乳晕的外围部分

宝宝吮吸时，应该含住了乳晕的大部分，从你的视野看去，只能看到乳晕的外围部分。

耳朵前方肌肉会动

宝宝吮吸时，你能看到他耳朵前方的肌肉会动，表明吮吸有力有效，动用了整个下颌。如果看到宝宝脸颊中间有凹陷，则表示衔乳不当。

下嘴唇呈外翻状态

正确衔乳时，宝宝的嘴唇呈外翻形状，同时舌头会伸出来抵在下牙龈上方，并在乳头周围形成一个槽，缓和来自下颌的压力。

不应有"吧嗒吧嗒"的声音

如果宝宝吮吸时发出"吧嗒吧嗒"的声音，不要因此而以为宝宝在津津有味地喝母乳。恰恰相反，这是他没有正确衔乳、难以喝出乳汁的信号。如果宝宝正确衔乳的话，你应该能听到宝宝吞咽的声音。

下颌紧贴乳房，呼吸通畅

正确衔乳时，宝宝的下颌应该紧贴妈妈的乳房，鼻子也轻轻地碰到乳房，但鼻孔不会被遮住，呼吸还是很通畅。如果你的乳房阻挡了他的鼻孔，可以将他的屁股拉近点或者稍微抬高你的乳房，以助于宝宝呼吸。

🍄 人工喂养的知识

并不是所有的妈妈都能为宝宝进行母乳喂养，也不是所有的宝宝都能接受母乳喂养。妈妈们要了解科学的育儿知识，不要因为对宝宝的爱而"无意"中伤害了宝宝。

挑选合适的奶粉

在日常生活中，经常见到一些新手妈妈为挑选宝宝的奶粉而发愁，下面提供几种挑选奶粉的方法供新手妈妈参考。

🍄 根据年龄段

很多奶粉都分年龄段，比如0~6个月、6~12个月、1~3岁、3~6岁等。

🍄 根据保质期

爸爸妈妈在给宝宝选择奶粉时要注意看保质期，要挑选最新生产的奶粉。

🍄 是否是正规厂家出产的奶粉

没有必要一定选择某个品牌，但要求是正规的大型厂家生产的奶粉。

🍄 根据经济实力

经济条件好点的家庭，可以选择合资或国外进口的奶粉。

🍄 别看广告看宝宝

不仅要看自己的宝宝，也要看其他的宝宝。当你看到朋友们的宝宝健康快乐、精神状态好而又活泼爱笑时，就可以问问这位妈妈平时给宝宝吃的是什么牌子的奶粉，在哪里购买的。有了健康宝宝做"鉴定"，这个牌子的奶粉就可以放心购买了。

吸奶器挤奶

妈妈还可以使用吸奶器来挤奶，方法如下：

🍄 在挤奶前先准备好吸奶器，并将其所有配件消毒。

🍄 把吸奶器的漏斗放在乳晕上，使其严密封闭，将乳头定位于漏斗的中央。

🍄 轻轻拉动成真空状态并保持5~10秒钟，直至乳汁停止流出。

🍄 然后松开再抽成真空，重复这个动作直至乳房被挤空。

换另一侧乳房，用同样的方法挤空。挤奶时，手指不要在乳房上滑动，以免摩擦皮肤造成乳房红肿。手掌要绕着乳房周围，使所有的奶汁都能挤出。一侧乳房挤3~5分钟，再换另一侧，如此交替，挤净为止。

每次挤的奶量不一定相同，开始可能少些，多练习几次就可以挤得比较干净了。

保存母乳的注意事项

妈妈要按照正确的方式，将奶水放入冰箱的冷冻室中保存。在保存母乳的时候，妈妈需要注意以下几点：

🍄 最好将母乳分成小份冷冻，60~120毫升为1份。

🍄 给装母乳的容器留点空隙，不要装得太满或把盖子盖得很紧，以防冷冻结冰后胀破容器。

🍄 使用塑胶奶袋时最好套两层，以免破裂。

🍄 挤出塑料奶袋顶端的空气，并留出3厘米的空隙，放在可让它直立的容器内，直至奶水冷冻成冰。

解冻母乳

使用微波炉加热会破坏母乳的营养成分，因此建议妈妈在解冻母乳时不要用微波炉加热，也不要在明火上将奶煮开，这样会破坏母乳中的营养物质，最好的方法是用奶瓶隔水慢慢加热。

奶热以后，将奶摇匀，再用手腕内侧测试一下温度，合适的奶温应该和人体温度相当。母乳最好在解冻后3小时内给宝宝喝掉，若未喝完不宜再次冷冻。

用奶瓶喂奶的细节

用奶瓶喂奶时，妈妈要注意以下几个细节：

🍄 要注意查看奶嘴是否堵塞或者流出的速度过慢。将奶瓶倒置时出现"啪嗒啪嗒"的滴奶声是正确的。

🍄 用奶瓶喂奶时，最常用的姿势就是横抱。和母乳喂养时一样，要一边注视着宝宝，一边叫着宝宝的名字喂奶。

🍄 母乳喂养时，宝宝要含住整个乳头才能吮吸到乳汁，用奶瓶喂奶时也要让宝宝含住整个奶嘴。

🍄 为了避免宝宝打嗝，在用奶瓶喂奶时应该让奶瓶倾斜一定角度，以防止宝宝胃里吸进大量的空气。

配方奶的用量

配方奶用量可按每日每千克体重110~120毫升计算，也可任其吮吸，以满足食欲为度。可通过观察宝宝大便和体重的增长情况，判断喂奶量是否合适。

宝宝每周体重增长150~200克，即属正常。

挑选合适的奶瓶

人工喂养的首要问题就是宝宝奶瓶的问题。一般要准备6个奶瓶，其中4个给宝宝喝奶用，另外2个装白开水等，不可任何饮品都"一瓶烩"。那么如何为宝宝挑选到合适的奶瓶呢？

01 玻璃奶瓶为首选

奶瓶的材质一般有玻璃和塑料两种。建议妈妈给宝宝选择玻璃材质的奶瓶。因为玻璃奶瓶透明度高、便于清洗，在安全方面能够让人放心，加热后不会产生有害物质。

塑料奶瓶清洗过后容易残留细菌，经高温加热或低温冷藏还可能会起化学反应。如果选择塑料奶瓶，妈妈一定要仔细检查瓶体的硬度，以免用久了瓶身变形。

02 透明度很重要

奶瓶的透明度很重要，瓶身的刻度也要清晰准确。要尽量选择瓶身不太花哨的奶瓶，以免影响刻度的读取。在选购奶瓶的时候，妈妈还要打开瓶盖闻一闻里面是否有异味。

03 仔细检查奶嘴

检查奶嘴也是必不可少的一个环节，它直接决定了宝宝会不会接受这个奶瓶。

①首先奶嘴的安全性一定要达标。建议妈妈选择信誉度高、口碑好、公众认可度高的品牌，这样的产品质量一般都可达标。

②宝宝用的奶嘴不能过大。因为新生儿还不能很好地吮吸，太大的奶嘴无法塞进他的小嘴里。

③奶嘴上的奶孔不可过大，数量不可过多，否则会使宝宝呛奶或吐奶。妈妈可以在奶瓶中注入温水，然后将奶瓶倒置，通过观察奶嘴的"流量"来判断选择是否合适。如里面的水是一滴一滴地流下，说明大小适中；如果水呈直线流下，说明奶孔过大；如果水根本流不出，说明奶孔过小，宝宝吮吸起来会非常困难。

冲奶粉的方法

奶粉的冲调不可随意，一定要认真阅读说明书。有些爸爸妈妈总担心宝宝营养不够或是吃不饱，所以特意将奶冲得浓浓的。但过浓的配方奶是宝宝娇嫩的肠胃所承受不了的，会造成宝宝呕吐、腹泻。同样，配方奶太稀会导致宝宝营养不足，发育不良。

- 调制奶粉前一定要用洗手液把手洗干净，并将奶瓶洗干净。
- 将开水冷却至50~60℃时，向消过毒的奶瓶中加入规定量一半的热水。
- 用量匙慢慢地加入奶粉，可边加入边轻摇。待奶粉溶解后，加热水到规定的量。
- 盖上奶嘴和奶嘴罩，使奶冷却至接近体温的温度。把奶汁滴在手腕内侧，以感觉温热为宜。

对3个月以内的宝宝来说，奶粉和水最合适的比例应该是重量上1∶8、容量上1∶4，1个月以内的宝宝要更稀释一些。因为每个宝宝的体质不同，所以妈妈要仔细观察宝宝吃奶的反应，再根据具体情况进行增减。

挤母乳的方法

上班族妈妈可以采取人手挤奶和吸奶器挤奶这两种方法来挤奶。

人手挤奶

- 拇指及食指相对放在乳头上下两侧，四指托住乳房，握成一个"C"形。
- 用手指朝向肋骨轻压。
- 用食指及拇指在乳头和乳晕后方轻轻挤压，放松。
- 重复挤压、放松的动作，直至乳汁流速减慢。
- 拇指和食指可沿顺时针或逆时针方向，转换在乳晕上的位置，以便挤房各部位的乳汁。

二、添加辅食的准备

每个宝宝的生长发育情况不一样，个体也存在一定的差异。因此，在给宝宝添加辅食时，要有一定的灵活性。

🍄 什么时候需要添加辅食

一般来说，母乳喂养的宝宝6个月时可开始添加辅食，而人工喂养或混合喂养的宝宝则要早一些。

添加辅食信号多

当宝宝从生理到心理都做好了吃辅食准备的时候，他会向妈妈发出许多小信号。

🐾 相关表现

妈妈可以根据宝宝所表现的一些可爱的行为，如流口水、咬乳头或大人吃饭时宝宝在一旁垂涎欲滴等，来判断宝宝是否可以添加辅食了。

🐾 能吞咽食物

宝宝喜欢将东西放到嘴里，有咀嚼的动作。当你把一小勺泥糊状食物放到他嘴边，他会张开嘴，不再将食物吐出来，而能够顺利地咽下去，不会被呛到，这时就可以给宝宝添加辅食了。

🐾 意犹未尽

宝宝吃完母乳或配方奶后还有一种意犹未尽的感觉，比如宝宝还在哭，似乎没吃饱。母乳喂养的宝宝每天喂8~10次，配方奶喂养的宝宝每天的总喂奶量达到1000毫升时，宝宝仍表现出没吃饱的样子，这时，妈妈就要想一想是否该给宝宝添加辅食了。

怎么正确地添加辅食

给宝宝添加辅食，不要完全照搬别人的经验或者照搬书本的方法，要根据具体情况，及时调整辅食的数量和品种。

01 品种由一种到多种

妈妈在给宝宝添加辅食的时候，一定要让宝宝对不同种类、不同味道的食物有一个循序渐进的接受过程。在1~2天内给宝宝所添加的食物种类不要超过两种。在给宝宝添加辅食后，观察宝宝在3~5天内是否出现不良反应，若一切正常，可尝试添加新的辅食。

02 食量由少到多

初试某种新食物时，最好由一勺尖的量开始，如一切正常才能慢慢加量。

03 浓度由稀到稠

最初可用母乳、配方奶、米汤或水将米粉调成很稀的稀糊来喂宝宝，确认宝宝能够顺利吞咽、不吐不呕、不呛不噎后，再由含水分多的流质或半流质食物渐渐过渡到泥糊状食物。

04 质地由细到粗

千万不要在辅食添加的初期让宝宝尝试米粥或肉末，无论是宝宝的喉咙还是小肚子，都不能承受这些颗粒粗大的食物。正确的顺序是汤汁——稀泥——稠泥——糜状——碎末——稍大的软颗粒——稍硬的颗粒状——块状等。

05 遇到不适即停止

在给宝宝添加辅食的时候，如果宝宝出现腹泻、过敏或大便里有较多的黏液等状况，需立即停止对宝宝的辅食喂养，待宝宝身体恢复正常之后再给宝宝添加辅食。

三、添加辅食的进程

在给宝宝添加辅食的过程中，为了宝宝的健康，妈妈应按照以下顺序来进行。

01 喂水果的过程

从过滤后的鲜果汁开始，到不过滤的纯果汁，然后到用勺刮的水果泥，再到切的水果块，最后到整个水果让宝宝自己拿着吃。

03 喂粥饭、面点类的过程

从米汤开始，到米粉、米糊，再是稀粥、稠粥、软饭，最后到饭。面食是从面条到面片、疙瘩汤、面包、饼干、馒头、饼。

02 喂蔬菜的过程

从过滤后的菜汁开始，到菜泥做成的菜汤，然后到菜泥，再到碎菜。

04 喂肉蛋类辅食的过程

喂肉蛋类辅食的过程是从鸡蛋黄开始，再到虾肉、鱼肉、鸡肉、猪肉、羊肉、牛肉、整蛋等。

辅食添加时间表

时间	可添加的辅食种类
1~3个月	每天2滴浓缩鱼肝油
4~5个月	果汁、水果泥
6个月	菜泥、肉松、蛋黄泥、稀粥、龙须面、鱼肉
7~9个月	排骨汤、肉泥、肝泥
10~12个月	馒头片、面包片、小馄饨、水果沙拉、鸡蛋羹、整个鸡蛋等

🍄 第一次添加辅食很重要

第一次给宝宝添加辅食成功与否非常重要，正所谓"好的开始是成功的一半"。若第一次给宝宝添加辅食十分顺利，那么，妈妈日后再给宝宝添加其他辅食就比较容易了。

01 第1次添加辅食的时间

建议在上午11点左右，宝宝饿了正准备吃奶之前给他调一些米粉，让他喝两勺，相应地把奶量减少3~4毫升。渐渐地，辅食越加越多，奶量越来越少，一般到七八个月以后这一餐奶就可以完全被辅食替代了。

02 不要用奶瓶喂流质辅食

给宝宝喂辅食，不仅是为了补充更多的营养，也是为了锻炼宝宝的吞咽能力。所以，最好不要用奶瓶喂流质辅食，应试着用勺子一口一口地喂。

03 一点一点地添加，每次一种辅食

第1次添加1~2勺（每勺3~5毫升）辅食、每日添加1次即可，待宝宝消化吸收得好了再逐渐加到2~3勺。观察3~7天，若宝宝没有过敏反应，如呕吐、腹泻、皮疹等，再添加第2种辅食。按照这样的速度，宝宝1个月可以添加4种辅食，这对于宝宝品尝味道来说已经足够了。妈妈千万不要太着急，这个阶段的宝宝还是要以奶为主。如果宝宝有过敏反应或消化吸收不好，应该立即停止添加辅食，等1周以后再试着添加。

学会自己做宝宝辅食

打算给宝宝添加辅食，得先把工具备齐。辅食喂养需要准备的工具包括妈妈制作辅食所用的道具和宝宝吃辅食需要的餐具。

做辅食的工具

	名称	用途
辅食制作工具	纱布	在制作果汁或菜汁时，纱布可以用来滤渣
	铁汤匙	用来刮下质地较软的水果果肉，如哈密瓜、蜜瓜等
	菜刀和砧板	可以用来剁碎食物
	小汤锅	可以用来烹煮食物或是煮汤，如制作菠菜泥等
	电饭锅	可以用来蒸熟或蒸软食物，如蒸地瓜等
	过滤器	可以用来过滤食物渣滓，在给宝宝制作果汁、菜汁的时候使用比较多
	磨泥器	可以用来制作水果泥，如梨泥、苹果泥等
辅食餐具	塑胶碗	选用高级、无毒、耐用的塑胶制成的小碗
	防洒碗	一些防洒碗带有吸力圈，可以将碗牢牢地固定在桌子上或吃饭时所用的高脚椅子的托盘上
	塑胶杯	塑胶材质的杯子较轻，适合刚刚学会拿杯子的宝宝使用
	汤匙	宝宝用的汤匙要好拿、不滑溜、不易摔碎，汤匙前端圆钝不尖锐
	围兜	给宝宝准备几个有塑胶衬里的毛巾布围兜，保护宝宝的衣服不被食物弄脏
	带固定装置的椅子	喂养宝宝辅食的时候，让宝宝坐到这种椅子上会十分方便

🌲 做菜泥的方法

菜泥是将青菜或菠菜嫩叶洗净切碎，加少量盐，放在蒸锅中蒸熟，取出捣碎，去掉菜筋，用勺搅拌成菜泥。

婴儿6个月后母乳已不能满足其生长发育的需要了，必须添加辅食。菜泥溶解有大量的维生素C和其他水溶性维生素，具有保持人体正常生理功能、促进健康、增强机体抵抗力的作用。因此，宝宝换乳期要开始逐步添加糊状食物，比如多品种的菜泥、肉泥等，使小宝宝全面吸收营养，健康生长发育。

宝宝吃什么菜泥好

最好的是深绿色的蔬菜，还有黄色的蔬菜，维生素A的含量比较高。深绿色蔬菜有油菜、小白菜、菠菜等，黄色的蔬菜有胡萝卜等。像南瓜、番茄、土豆也可以切成末加到粥里、饭里混着吃。

🍽 菜泥

⊙原料

青菜。

⊙做法

① 取适量的新鲜无农药污染的绿叶蔬菜，如小白菜、小青菜等，洗净，捣碎，去掉菜筋。

② 将菜叶和菜汁一起放入锅中，加适量的植物油与食盐，煮熟，即成菜泥。

⊙营养

菜泥含有较多的维生素、矿物质，可帮助宝宝消化，防止大便干燥，减少肠道毒素。

🍽 土豆泥

⊙原料

土豆。

⊙做法

将一只土豆去皮并切成小块，蒸熟后用勺压烂成泥，加少量水调匀即可。

⊙营养

土豆含有丰富的膳食纤维，具有饱腹感，还能帮助带走油脂和垃圾，具有一定的通便排毒作用。

🍄 做果泥的方法

果泥是宝宝辅食添加中重要的一项，能够帮助婴儿摄取到丰富的维生素C和其他一些人体所需的营养素。给宝宝制作果泥一定要选择成熟、无污染的水果，现做现吃。通常在给宝宝食用时，可以将果泥加纯净水搅拌，加入其他辅食或直接食用都可以。

宝宝吃什么果泥好

最先给宝宝添加的果泥可以选择香蕉、苹果这些比较温和的水果。另外，木瓜、哈密瓜富含膳食纤维和蛋白质，不仅可以补充营养，还可以提高抗病能力和增强机体的抗病能力，可以经常给宝宝提供。

但有些水果容易引起过敏，如水蜜桃、奇异果、芒果、菠萝、柿子等，建议不要让宝宝食用。

🍴◉ 苹果泥

◉ 原料

新鲜香蕉苹果或红富士苹果半个。

◉ 做法

① 将苹果用清水洗干净，把外皮用刀削去，再将其中的子去除干净。

② 磨成泥状给宝宝喂食。

◉ 营养

苹果富含各种维生素、果胶及纤维素，具有通便、止泻的双重功效。

🍴◉ 木瓜泥

◉ 原料

新鲜木瓜半只。

◉ 做法

① 先将木瓜用清水洗干净，切开外皮，将果肉中的子去除。

② 把果肉压成泥状，就可以给宝宝喂食了。

◉ 营养

木瓜富含维生素C和膳食纤维，口感好。

做肉泥的方法

肉泥是肉类的泥状流体形态，是含铁、钙、维生素丰富的泥状食物，能满足8个月以上宝宝的营养需求。很多肉泥是将蔬菜和肉类混合搭配，能让宝宝一次补足荤素营养。

宝宝吃什么肉泥好

妈妈们在给宝宝喂食肉泥的时候，建议先从鸡肉或者猪肉开始，而且一次最好只添加一种，等到宝宝完全适应后，再进行更替添加，否则容易造成宝宝胃部不适、消化功能紊乱。妈妈们在制作肉泥的过程中，除了要注重营养全面外，若能在形状、味道等方面下苦功，也许更能提高宝宝的食欲。

猪肝泥

⊙ 原料

猪肝30克。

⊙ 做法

① 将猪肝洗净，一切为二，然后用刀在剖面上慢慢的刮，直至将整个猪肝都刮成泥状。

② 然后放入锅内蒸熟，再以汤匙喂食。

⊙ 营养

猪肝含丰富的蛋白质、维生素A和B族维生素以及钙、磷、铁、锌等矿物质，可以预防宝宝贫血。

鸡肉泥

⊙ 原料

鸡胸肉30克。

⊙ 做法

鸡胸肉切碎，蒸熟后压成泥，用汤匙喂食。

⊙ 营养

鸡肉含优质的动物蛋白、脂肪、钙、磷、铁及多种维生素，可以防治维生素D缺乏病。

🌳 做鱼类辅食的方法

鱼类富含蛋白质、维生素、矿物质等营养元素，可以帮助宝宝脑部发育，减轻过敏与发炎症状，使宝宝眼睛明亮有神。宝宝最好食用应季的鱼，味道好，鱼肥肉厚，而且价格便宜，DHA和EPA的含量也丰富。

适合宝宝吃的鱼

首推海鱼，如银鱼、鳕鱼、青鱼、黄花鱼、比目鱼等，这些鱼肉中鱼刺较大，几乎没有小刺。吃鲈鱼、鲫鱼、鲢鱼、鲤鱼、武昌鱼等则最好给宝宝选择没有小刺的腹肉。

做鱼时要非常细心地挑出鱼刺，一定要保证把鱼刺剔除干净后再给宝宝吃。另外要注意，做鱼时一定要煮熟烧透，不能让宝宝吃生鱼和没有烧透的鱼；鱼松要少吃。

🍽 鱼肉泥

◎ 原料

青鱼段或者是带鱼段30克。

◎ 做法

① 鱼段洗净后放入盘中，加入少量的料酒和姜片，清蒸10~15分钟。

② 冷却后去掉鱼皮、鱼骨，将鱼肉压成泥，以汤匙喂食。

◎ 营养

鱼肉含丰富的蛋白质、钙、磷、铁、维生素B_1、卵磷脂等，可以增强宝宝的记忆能力、思维能力和分析能力。

🍽 鲑鱼炖饭

◎ 原料

鲑鱼30克，洋葱10克，胡萝卜10克，西蓝花10克，白饭1/2碗，鲜奶60毫升，无油高汤40毫升，无盐奶油1小匙，盐少许。

◎ 做法

① 鲑鱼、胡萝卜、洋葱洗净切丁；西蓝花取前段小花备用。

② 先将洋葱丁以奶油爆香后，加入鲜奶、无油高汤及白饭，以中火煮至滚沸时，放入鲑鱼、胡萝卜、西蓝花及盐，再以小火继续煮5分钟即可。

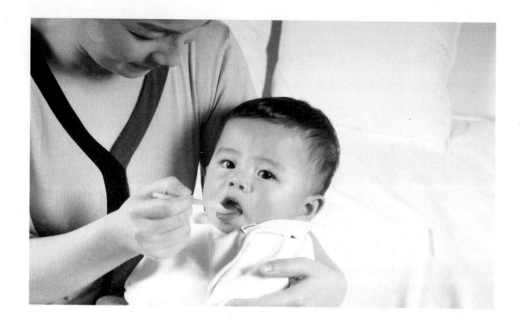

🍄 米粉的冲调

米粉是以大米为主要原料，以蔬菜、水果、蛋类、肉类等为选择性配料，加入钙、磷、铁等矿物质和维生素等加工制成的婴幼儿补充食品。母乳不足或者配方奶不够时，妈妈可以添加一些米粉作为补充来喂养宝宝。

添加米粉的时间

添加米粉的最佳时间是宝宝5~6月龄时，太早或是太晚都不好。

喂养米粉有方法

在喂养宝宝的时候，需选择宝宝专用勺，勺子不宜太大；尽量将勺子放在宝宝的舌头中部，这样宝宝就不易用舌尖将米糊顶出了。

一些爸爸妈妈为了省事，将米糊和整瓶奶调和到一起让宝宝吸着吃，这么做虽然方便，但却让宝宝失去了锻炼口腔功能的机会。

最后，需要提醒爸爸妈妈的是，不要试图用米粉类食物来代替乳类喂养。

🌲 煮粥的方法

粥适合7~12月的宝宝，也可以作为1岁以后幼儿饮食的一部分，或幼儿在发热或他疾病导致食欲不佳时食用。

给宝宝煮粥的注意事项

初次制作粥要考虑宝宝的接受能力，不应太稠，量不要太多。

1岁以内宝宝的辅食最好不加任何调味品，包括盐和糖。

常用的婴儿粥

🌲 蛋花粥

将鸡蛋打碎，放入米汤中煮熟，然后将煮熟的蛋花混入已煮好的粥内，边搅边煮。

🌲 肝泥粥

将洗净的生鸡肝或猪肝煮熟，去掉外层包膜，研碎，将其蒸熟，放入粥中即为肝泥粥。适合7个月以上的小儿食用。

🌲 鱼粥

洗净去内脏的鱼（如带鱼、鲳鱼、鳊鱼、青鱼等），整条蒸熟去骨，用勺将鱼肉研碎，拌入粥中煮开，即成鱼粥。适合5~6个月婴儿食用。

🌲 肉末粥

将瘦肉洗净，用刀剁碎成细的肉糜，加适量水，用小火煮烂，放入预先煮稠的粥内混和即可食用。适合10个月以上的小儿食用。

五、断奶初期的辅食

断奶初期添加辅食应提防食物过敏。宝宝的肠道功能发育尚未成熟，小肠结构不成熟、肠黏膜通透性高，大分子物质容易被小肠吸收，从而引发过敏；另一方面是因为小宝宝肠道内抗感染、抗过敏作用的双歧杆菌、乳酸杆菌数量少，也容易引起食物过敏。

要防治宝宝食物过敏，在给宝宝添加辅食时需注意以下两点。

按正确的方法添加辅食，并观察有无不良反应。给宝宝每添加一种新食物，都要细心观察是否出现皮疹、腹泻等不良反应。如有不良反应，则应该停止喂这种食物。隔几天后再试，如果仍然出现前述症状，则可以确定宝宝对该食物过敏，应避免再次进食。

找出引起过敏的食物并且严格避免这种食物。妈妈应耐心、细致地观察宝宝进食各种食物与产生过敏症状之间的关系，最好能记"食物日记"，记下宝宝吃的食物与出现症状之间的关系。注意从宝宝食谱中剔除这种食物后，必须用其他食物替代，以保持宝宝的膳食平衡。

芹菜小米粥

⊙ 原料

小米50克，芹菜30克。

⊙ 做法

① 小米淘洗干净后，加水熬成粥。

② 芹菜洗净，切成细碎的末，在粥滚开时放入，熬20分钟左右即可。

白萝卜汁

⊙ 原料

新鲜白萝卜1/4个。

⊙ 做法

① 将白萝卜洗干净，去掉皮，切成片。

② 放入开水中煮10~15分钟，凉温后随时饮之，现饮现煮。

土豆苹果糊

⊙ 原料

土豆20克，苹果1个，鸡汤适量。

⊙ 做法

① 将土豆和苹果去皮。

② 土豆蒸熟后捣成土豆泥；苹果用搅拌机粉碎成泥状。

③ 将土豆泥倒入鸡汤锅中煮开。

④ 在苹果泥中加入适量水，用另外的锅煮，煮至其稀粥样时关火；将苹果糊倒在土豆泥上即可。

六、 断奶中期的辅食

宝宝断奶期的辅食主要有4大类，即谷类、油脂和糖类、蔬菜和水果类、动物性食品及豆类。

01 谷类

谷类是最容易为宝宝接受和消化的食物，添加辅食时先从谷类食物开始，如粥、米糊、汤面等。

02 油脂和糖

宝宝胃容量小，所吃的食物量少，热能不足，所以必须摄入油脂、糖类这些体积小、热能高的食物。但要注意不宜过量，油脂应是植物油而不是动物油。

03 蔬菜和水果

可以适当喂宝宝一些鲜果汁或鲜果泥、蔬菜水或蔬菜泥，以补充维生素和矿物质，同时预防便秘。

04 动物性食品及豆类

动物性食品主要指鸡蛋、肉、鱼、奶等，豆类指豆腐和豆制品，这些食物富含蛋白质。

牛肉菜粥

⊙ 原料

香菇1朵，瘦牛肉末、米饭各20克，紫菜少许，肉汤100毫升。

⊙ 做法

① 香菇洗干净切碎；紫菜撕成小片备用。

② 将肉汤烧开，放入牛肉末煮至八成熟，再放入米饭。

③ 待米饭煮软后撒上香菇碎、紫菜碎煮软即可。

南瓜粥

⊙ 原料

南瓜50克，大米50克。

⊙ 做法

① 将南瓜清洗干净，削皮，切成碎粒。

② 将大米清洗干净放入小锅中，再加入400毫升的水，中火烧开，转小火继续煮制20分钟。

③ 将切好的南瓜粒放入粥锅中，小火再煮10分钟，煮至南瓜软烂即可。

奶香玉米糊

⊙ 原料

玉米粒80克，牛奶100毫升。

⊙ 做法

① 将玉米粒放入沸水锅中焯水后捞出，取一部分放入搅拌机中搅成泥状，另一部分待用。

② 将玉米泥和牛奶一起搅拌，混合均匀。

③ 搅拌后的玉米牛奶糊倒入锅中，边煮边搅匀，煮开后盛入碗中，放上玉米粒即可。

七、断奶后期的辅食

这个时期宝宝应该出了4~6颗牙，开始用牙床来压碎食物。除了早晚喝奶之外，宝宝的进餐时间和次数基本和成人相同了，只要在三餐间加点小点心即可。

这个时期，妈妈烹饪的辅食，除了要营养丰富，还要能锻炼宝宝的咀嚼能力。

定点定量

一日饮食安排向三顿辅食餐、一次点心和两顿奶转变，逐渐增加辅食的量，为断奶做准备，但每日饮奶量应不少于600毫升。

适当增加食物的硬度

可以适当增加食物的硬度，让宝宝学习咀嚼以利于语言的发育和吞咽功能、搅拌功能的完善，增强舌头的灵活性。给宝宝的辅食，可以从稠粥转为软饭，从烂面条转为馄饨、包子、饺子、馒头片，从肉粒、菜粒转为碎菜、碎肉、小块儿水果等。

核桃芝麻米糊

⊙ 原料

紫米30克，大米20克，胡萝卜20克，枸杞2颗，芝麻核桃粉适量。

⊙ 做法

① 胡萝卜去皮切碎；枸杞洗净用温水泡10分钟，切碎。

② 紫米洗净浸泡3小时以上，用浸泡紫米的水与泡发好的紫米、洗净的大米、胡萝卜碎、枸杞一起熬成六分稠的粥，撒上芝麻核桃粉即可。

虾仁豆腐泥

⊙ 原料

鲜基围虾2只，豆腐50克，胡萝卜20克，姜汁、肉汤各适量。

⊙ 做法

① 虾洗干净，去头、壳和虾线，剁成虾泥，加一点姜汁搅匀；胡萝卜去掉皮，切成细末。

② 肉汤烧开，放入洗干净的豆腐，边煮边用器具压成豆腐泥。

③ 豆腐汤煮开后，放入胡萝卜末、虾泥煮熟即可。

柳橙汁

⊙ 原料

新鲜柳橙1个（约50克）。

⊙ 做法

① 将新鲜柳橙对半切开，然后挤出汁。

② 添加等量的冷开水，将果汁稀释后饮用。

八、断奶之后的辅食

> 宝宝1岁以后的饮食要从以奶类为主逐步过渡到以谷类食物为主食，同时应增加蛋、肉、鱼、豆制品、蔬菜等食物的种类和数量。

这一阶段如果不重视合理营养，往往会导致宝宝体重不达标，甚至造成营养不良。

🍃 食物依然要细、软、烂

宝宝1岁多时，乳牙还没长齐，因此咀嚼能力还是比较差，消化道的消化功能也较差。虽然可以咀嚼成形的固体食物，但是依旧还要吃些细、软、烂的食物。根据宝宝用牙齿咀嚼固体食物的程度，为宝宝安排每日的饮食。此时宝宝可从规律的一日三餐中获取均衡的营养。因此，母乳或奶粉可以逐渐减少量，每日300~400毫升即可。

🍽 虾皮丝瓜汤

⊙ 原料

丝瓜1根，虾皮15克，香油、精盐、植物油各适量。

⊙ 做法

① 丝瓜去掉皮，洗干净，切成片。

② 将炒锅加热，倒入植物油，热后加入丝瓜煸炒片刻，加盐加水煮开。

③ 加入虾皮，小火煮2分钟左右；加入香油，盛入碗内即成。

🍴 鸡肝面条

⊙ 原料

宝宝营养面50克，鸡肝、小白菜各25克，鸡蛋1个，肉汤、食盐、香油各适量。

⊙ 做法

① 将鸡肝煮熟剁成细末；小白菜洗干净切成细末备用。

② 将肉汤放入锅内上火煮开，放入营养面煮开后，加入适量食盐再煮一会儿。

③ 营养面快熟时往锅内放入鸡肝末、小白菜末稍煮片刻；鸡蛋打入碗中搅匀备用。

④ 营养面煮熟时，锅内浇入鸡蛋液即可出锅，滴上一点香油即可食用。

🍴 鳕鱼菜饼

⊙ 原料

鳕鱼1条，奶油生菜100克，鸡蛋2个，盐、油各适量。

⊙ 做法

① 奶油生菜清洗干净，沥去水分，切成碎末；鸡蛋煮熟后，取蛋黄压成泥。

② 鳕鱼清洗干净，切成厚片，撒上盐腌10分钟，摆入烤盘。

③ 烤箱预热170℃，将烤盘放入烤箱中，上下火烘烤10分钟。

④ 中火烧热炒锅中的油，放入生菜末、蛋黄泥，翻炒均匀。

⑤ 将炒好的蛋黄泥盖在烤好的鳕鱼片上即可。

九、正确的断奶知识

　　无论是对妈妈还是宝宝来说，断奶都是一个前所未有的大考验。如果方法不对，不仅不能成功给宝宝断奶，还会对宝宝的身体和心灵造成伤害。准备给宝宝断奶的妈妈，现在就先来学习一下断奶的知识吧。

🌲 切莫突然或强行断奶

　　不主张突然或者强行断母乳，要让宝宝逐渐接受用配方奶取代母乳，不能用辅食代替母乳。因为在这个年龄奶类对宝宝来说还是主食，强行断奶会给宝宝带来下列影响：

01 爱哭，没有安全感

　　具体表现为妈妈一离开宝宝，他就会紧张焦虑，哭着到处寻找妈妈。

02 消瘦，体重减轻

　　宝宝还不适应吃母乳之外的食物，会引起宝宝的脾胃功能紊乱、食欲差，以致出现面色发黄、体重减轻等症状。

03 抵抗力差，易生病

　　很多宝宝会因此出现挑食的毛病，比如只喝配方奶、米粥等，从而影响宝宝的生长发育，导致宝宝抵抗力下降，易生病。

断奶要循序渐进

如果妈妈决定要给宝宝断奶，一定要事先做好准备，断奶要循序渐进，要有耐心，千万不要突然或强行给宝宝断奶。

增加辅食的稠度，延长每顿间隔时间

辅食做得好吃些、精细些，争取一日三餐以辅食替代，中间以母乳作为"点心"。这样，宝宝就会逐渐不那么依恋母乳了。

最好选择在春秋两季断奶

春秋两季是最适宜断奶的季节，天气温和宜人，食物品种也比较丰富。如果正值炎热的夏季或寒冷的冬季，断奶的时间可以适当往后推迟一点。因为夏天太热，宝宝很容易食物过敏、拉肚子或得肠胃病；而冬天又太冷，宝宝习惯于温热的母乳和妈妈温暖的怀抱，突然改变饮食，容易受凉而引起胃肠道不适。

不要为了安抚宝宝而主动喂奶

断奶期间，妈妈要抑制住想主动给宝宝喂奶的冲动。如果宝宝要求吃奶，妈妈可以喂他，但不要主动提醒他要吃奶了，避免给他任何有关"吃奶时间到了"的暗示。

充分满足宝宝的要求

在断奶期间，爸爸妈妈要注意与宝宝的亲情交流，给予宝宝充分的关注和互动，多和宝宝在一起讲故事、玩游戏、唱歌、散步等，这些活动可以让宝宝和爸爸妈妈共享快乐的时光。

PART 03

男宝宝的
衣食住行

　　经历了宝宝出生时的兴奋，年轻的爸爸妈妈接下来要做好角色调整，投入到照顾宝宝的吃喝拉撒中去。这个过程通常很单调，同时也充满乐趣，能让你更好地了解宝宝，增进亲子感情，享受育儿的美妙和幸福。

怎么打造婴儿房

小宝贝要隆重出场了。为了迎接小生命的到来，爸爸妈妈要为宝贝打造一个安全舒适的家。

婴儿的房间与环境

🍄 婴儿房装修要尽可能简单，不要留杂物，也不要设计台阶。房间不要太靠近厨房及厕所，以免受油烟、污秽之气的干扰。

🍄 婴儿房的地面以铺天然的木地板为宜，最好不要铺石材地板及地毯。石材地板容易打滑，铺设地毯则容易滋生各种病菌，均不利于宝贝健康。

🍄 装修婴儿房时，色彩应以淡雅为主，大红大紫、纯黑及纯白色的装修都会给宝贝带来不舒服的感觉。

🍄 婴儿房的照明设施应选用比较柔和的壁灯，室内最好不要使用大面积的玻璃和镜子。

🍄 电源线路要尽可能隐蔽，最好选用带有插座罩的插座。

婴儿床

🍄 婴儿床应有坚固的栏杆，护栏的间距不能太宽，防止宝贝摔下床及头部伸出护栏后被卡住；床头板和脚踏板不能有装饰性镂空，以防宝贝的头或四肢陷进去无法自拔。

🍄 床的角柱的高度不能太高；床垫和床边之间的距离不能超过两指。

🍄 婴儿床不要靠窗，以免从窗户透进来的冷风吹到宝贝；不要放在横梁之下，以免头顶的横梁给宝贝带来压迫感，削弱他的安全感。

🍄 最好选择朝南向阳、光线充足的房间摆放婴儿床，但要避免摆放在阳光直射的地方，以免强烈的太阳光刺激宝贝的眼睛。

🍄 婴儿床的四周要留出足够的空间，以免大人做家务影响宝贝或者发生隐患。

🐾 婴儿床要远离灯座和任何挂有悬垂线圈的物品，如窗帘、布幔；远离电扇、电热器等家用电器。

🐾 婴儿床的四周最好铺上厚地毯，万一宝宝掉落，可以避免更大的伤害。

🐾 床上不要放大娃娃或大玩具，以防宝贝会爬后爬到玩具上并踩着它跌下床。

🐾 床边、床尾最好放置附有止滑的踏脚垫。

🐾 不要给宝贝使用太柔软的床上用品，因为宝贝很容易把自己的脸埋入柔软的枕头、被子里造成窒息。

🍄 婴儿的寝具与枕头

🐾 褥子

婴儿的小褥子最好使用白色或浅色的棉布做罩，以便于及时查看婴儿的大小便颜色。褥子应用棉花填充，通气性和舒适保暖性更好些。小褥子上不要直接放塑料布，防止婴儿翻动时塑料布蒙住他的头，如果放的话，要放在褥子下，起到隔尿作用。

🐾 被子

小宝宝的被子里和面应选择浅色的全棉软布或全棉绒布做里，内衬新棉花。被子要根据婴儿的身长特制，太长太大不仅盖起来沉重，妈妈抱起时也会拖拖挂挂很不方便。特别是在婴儿会翻身后，被子太长，还容易裹住婴儿使他窒息。被子一般比宝宝的身长长20~30厘米，大小比较合适。

🐾 枕头

一般来讲，1岁以内的婴儿可不使用枕头，1岁以上的宝宝的小枕头宽度要与头长相等，长度应该与他的肩宽相同，高度只需在3~4厘米就可以了。不要太大太软，否则容易使婴儿在俯卧位时把头埋入而出现窒息。由于婴儿出汗多，枕头的材料应该是吸汗通气的，比如外面是纯棉软布，里面可以填充荞麦皮、茶叶、菊花等。

二、宝宝的睡眠

刚出生的一段时期，婴儿不分白天黑夜，随时睡觉，但每次只睡一小会儿。随着宝宝一个月一个月地长大，宝宝的睡觉时间越来越多地集中在夜间，而且醒着的时间也增多了。当然不同的婴儿情况会不同，有的宝宝经过很长时间才能整晚睡觉，也不用担心。

🍄 白天和夜间的睡眠

培养宝宝对白天睡眠和夜间睡眠的区别对待

从新生儿阶段开始，爸爸妈妈就要帮助宝宝了解什么时候应该玩，什么时候该睡觉。

在白天没必要特别保持安静，宝宝哭了就抱他，并且尽量利用他醒来的时间，多和他玩耍交流。

晚上，让宝宝睡在他的小床上，并保持房间黑暗。如果他醒来哭着要吃奶，就抱起他静静地喂奶，尽量少说话。宝宝会渐渐明白，夜间吃奶只是吃奶，不是交流的时间。这样过几个星期，他的睡眠模式就变得像大人了。

白天仍需小睡

6个月以内的宝宝每天大概要睡14~15个小时，而且一次可以睡上比较长的时间。1岁以上的宝宝白天只需要小睡2次，上午1次，下午1次，每次1.5~2个小时。父母可以为宝宝制订一个晚上睡觉及白天小睡的时间表，有助于调整宝宝的睡眠规律。

🍄 睡眠时的安全

对于1岁以内的宝宝来说，一天的睡眠时间可能长达12~16个小时，占了一半以上的时间，可见睡眠有多的重要。好的睡眠不仅关系到宝宝的聪明和健康，还影响着宝宝的安全。

🍄 仰卧睡觉，这是最安全的睡姿

宝宝清醒时可以趴一会儿，不过家长要密切看护。不要让宝宝侧卧，这样很可能会因翻身变成俯卧睡姿，增加婴儿窒息的危险。

🍄 母婴同室不同床

研究发现，母婴同床会使婴儿窒息的危险增加，而母婴睡同一个房间，不同床则有助于降低危险。

🍄 防止宝宝过热或过冷

婴儿所处房间温度应适中，应避免房间过热或过冷。同时宝宝在睡觉时不要包裹太多衣物。

🍄 床垫不宜过软

婴儿床应使用硬床垫，不要放置多余的枕头、毛毯或毛绒玩具。用婴儿被褥将宝宝包好时，切勿盖住宝宝头部。

TIPS

父母需要特别注意的事

任何时候都不要让熟睡中的宝宝独自待着，不要让宝宝在无人看护的情况下醒来。无人看护是导致婴儿安全事故发生的重要原因之一。

◎不要让没有接受过训练的宠物接近熟睡的小婴儿，也不要让稍大一些但还未懂事的宝宝和熟睡的小婴儿独处。

◎如果需要短暂离开婴儿，一定要事先拿开婴儿车和婴儿床上悬挂的玩具。

◎如果宝宝非要和父母一起睡在大床上，父母一定不能饮酒或使用安眠药物等，以免睡得过沉，意识不到宝宝的需要或者一不小心压到他。

◎主要照看者要学习一些急救知识。

🍄 克服睡眠问题

宝宝一到夜晚就啼哭不止

所谓的小儿夜啼是指宝宝白天的时候很正常，一到夜间就啼哭，或间歇发作，或持续不已，甚至通宵达旦，民间常称为"夜哭郎"。宝宝出现夜啼，需要爸爸妈妈的精心呵护，做好以下护理，宝宝晚上自然可以睡得香甜了。

01 环境安静，床上用品得当

爸爸妈妈应保证宝宝所在居室环境的安静，要给宝宝准备一套单独使用的床单、被子，要求薄厚得当，避免宝宝夜里睡觉过热或过冷。

02 宝宝是否舒适

爸爸妈妈要注意观察宝宝是否舒适，如果宝宝的哭声高亢、冗长，则表示宝宝尿布湿了，很不舒服，要换尿布了。另外，宝宝衣服、被褥中的异物刺伤皮肤，宝宝身体的某个部位被线头缠住等，也会导致宝宝啼哭。

03 掌握食量

爸爸妈妈一定要掌握宝宝的食量，尤其是晚上的食量，既要让宝宝吃饱，又不能太饱。宝宝睡前不宜喝太多水，这样宝宝才能睡得安稳、踏实。

04 情感安抚

依赖爸爸妈妈是宝宝的天性，6个月以下的宝宝非常需要爸爸妈妈的陪伴。当宝宝醒来后发现爸爸妈妈不在身边，便会号啕大哭以表示自己的不满。对于宝宝的啼哭，爸爸妈妈应尽量回应，多抱抱宝宝，亲亲他，温柔地和他说话，宝宝便会安静下来。

一般情况下，只要环境舒适、饮食适当、活动适度、身体健康，宝宝很少会发生夜啼的现象。如果宝宝的哭声与平日不同，哭声持续时间长，且哭声显得十分痛苦，爸爸妈妈就要考虑宝宝是否是生病了，须及时带宝宝去医院就诊。

宝宝睡觉时老哼哼

宝宝有时在睡觉时会扭动身体，并且发出哼哼声，好像身体不舒服，可睡醒后又一切如常，这是病吗？宝宝睡觉哼哼，可能是因为：

🍄 宝宝的情感世界很丰富，他可能是在做梦。

🍄 宝宝尿布湿了，感到不舒服。

🍄 厌烦了某一种睡姿，宝宝也会扭动身体，发出哼哼声，甚至以哭泣来表达不满。

🍄 对睡眠环境不满意，如噪声、室温、空气不新鲜等。

🍄 胃肠道不舒服，比如饥饿、吃奶时胀气等。

🍄 宝宝睡觉哼哼，妈妈不必惊慌，也不必不停地摇晃宝宝，可以让宝宝换个体位睡，如侧卧位、俯卧位置（俯卧位时妈妈一定要陪在宝宝身边，以防发生窒息等意外），并轻轻抚摩背部，使宝宝感到安全和踏实。

🍄 如果宝宝睡觉时总是扭动身体，并且鼻尖上有汗珠，身上潮乎乎的，应注意室内温度是否过高，或宝宝是否被包裹得太多、太紧，宝宝可能是因为太热而睡不安稳。这时应降低室温，减少或松开包被，帮助宝宝降温。

🍄 如果宝宝小脚发凉，则表示是由于保温不足而睡不安稳，可加厚盖被。

🍄 尿布湿了，或没有吃饱等也会影响宝宝的睡眠，应当及时更换尿布，并用温水洗净臀部。

🍄 宝宝吃饱后，竖着抱起宝宝，轻拍其背部，帮助宝宝打嗝，这样宝宝一般就会满足地入睡了。

三、喂养宝宝的小知识

除了极少数特殊情况，建议所有婴儿都由母乳喂养。母乳喂养的婴儿一般都比较健康，很少有耳朵、胸部、胃肠道和尿道感染，也很少患过敏、哮喘、湿疹和糖尿病。母乳喂养的婴儿更容易安置，带着出门也更方便。

🌳 母乳喂养还是人工喂养

母乳喂养：经济、安全、方便

🍄 母乳中各种营养物质齐全，营养素比例合理，还含有多种免疫活性物质，是宝宝最佳的天然食品，非常适合于0~6个月身体快速生长的宝宝。

🍄 母乳喂养还可以使母亲能够悉心护理宝宝，增进母子之间的感情；同时促进母体的产后恢复；母乳喂养经济、安全又方便。

但如果有下列情况，则不适合进行母乳喂养：

🍄 哺乳妈妈患有传染性疾病并正值发病期，如肝炎发病期、肺结核活动期；

🍄 哺乳妈妈患有心血管疾病，心脏功能在3～4级或伴心力衰竭的；

🍄 哺乳妈妈肾脏功能不全的；

🍄 哺乳妈妈患有严重高血压、糖尿病等系统性疾病的；

🍄 哺乳妈妈患有精神病或先天代谢性疾病的；

🍄 哺乳妈妈患病用药，如抗癌药物的；

🍄 哺乳妈妈产后并发症严重的；

🍄 哺乳妈妈没有奶水或奶水不足的；

🍄 宝宝先天性畸形，如唇腭裂等，或早产儿吮吸困难的；

🍄 宝宝患先天性代谢性疾病，如枫糖血症和半乳糖血症等。

🌿 喂养的要点

一天喂多少次为好

母乳喂养的次数是不定的，只要宝宝任何时候想吃，就喂母乳，这叫"按需喂养"。

人工喂养的宝宝，满月以后喂奶量从每次50毫升增加到80~120毫升。但到底应该吃多少，每个宝宝都有个体差异，不能完全照本宣科，妈妈可以凭借对宝宝的细心观察摸索出宝宝的奶量。

及时给人工喂养的宝宝补水

母乳喂养的宝宝不需要补充额外的水分，而人工喂养的宝宝常常会需要补充水分。

🍄 白开水是最佳选择，注意要给宝宝喝新鲜的白开水。

🍄 一般情况下，宝宝每日每千克体重需要120~150毫升水，随着年龄的增长，喂水次数和每次喂水量都要适当增加。

🍄 做到少"饮"多餐，不要因渴而喝。因为等到宝宝感到口渴的时候，表明体内水分已失去平衡，身体细胞开始脱水。

夜间哺乳小窍门

许多妈妈尤其是上班族妈妈，白天上班已经够辛苦的了，如果晚上还要因为哺乳而不能好好睡觉，那确实是一件痛苦的事情。其实，只要掌握夜间哺乳的窍门，夜间哺乳将不再是一件痛苦的事情，相反你还可以享受一下夜间哺乳的温馨时光。

🍄 白天频繁喂奶，让宝宝吃饱。

🍄 睡前喂一次奶，让宝宝吃饱。

🍄 与宝宝同睡，宝宝醒来时，妈妈只要抚摸他或给他喂奶，宝宝就可再次入睡了。

🍄 喂奶前给宝宝换尿布，这样他吃完奶就可以直接睡了。

四、抱孩子的正确姿势

学会正确地抱宝宝，是新手妈妈必须掌握的一课。温柔地抱着自己的宝宝，是妈妈释放母爱的一个不可替代的方式，也是新生儿感受美妙世界、沐浴妈妈的爱、获得心智成长的需要。

🌱 1~2个月

横抱：

横抱，半卧位（头高脚低）。注意保护好宝宝的后背和颈部。

短时竖抱：

竖抱，面朝大人。因为新生儿的头占全身长的1/4，竖抱时，其颈部还不能支撑宝宝的头，所以竖抱时妈妈要扶住宝宝头部和背部。

面朝前竖抱：

竖抱，面朝前。可以将宝宝背贴着大人的胸部，面朝前，一只手托着宝宝臀部，另一只手扶着宝宝的胸部。随着时间的推移，逐渐延长竖抱的时间，可以从数秒延长到1~2分钟。

🍄 3~5个月

半卧位抱或竖抱：

　　此时宝宝的头能初步直立了，但颈部、背部肌肉支持力还不够，可逐渐由半卧位抱到竖抱。竖抱时间的长短根据宝宝的接受程度决定。

竖抱：

　　宝宝在四五个月时，头竖立得已经很好了，就可以竖着抱宝宝了。可以让宝宝面朝大人，坐在成人的一只前臂上，背和头靠着成人胸部。

🍄 6月以上，多种抱姿

抱姿1：
　　醒时可以面朝外竖抱。

抱姿2：
　　困倦时躺在妈妈的臂弯里。

抱姿3：
　　情绪不好可以面向里竖抱。

 TIPS

抱宝宝的注意事项

　　◎提前洗净双手，摘掉饰物，并待双手温暖后，再抱宝宝。

　　◎动作要轻柔，不要太快太猛，微笑地注视宝宝的眼睛，面对面和宝宝交流感情。

　　◎半卧位和竖抱是宝宝最喜欢的姿势，因为宝宝可以通过眼睛接收到更多的视觉信息，这对于提高宝宝的认知水平和大脑发育非常有利。这也是早期教育的一种方式。

五、 学会给宝宝洗澡

对于新手爸妈来说，给宝宝洗澡并非易事。下面，我们就一起来看看给宝宝洗澡的方法及注意事项吧。

🍄 洗澡与清洗所需的用具

在给宝宝沐浴前，妈妈要准备好相关的用品。

🍄 首先准备好沐浴用品，如宝宝的衣服、浴巾、包被、纸尿裤、毛巾、澡盆等。

🍄 其次在给宝宝洗澡时，室温最好控制在24℃左右，水温保持在37~38℃。

🍄 如何正确洗澡

给宝宝洗澡前，妈妈要准备好浴巾和衣服，将宝宝放在浴巾上，脱下衣服，并在宝宝身上盖块布，以免宝宝受凉。正式洗澡时，可按照以下步骤进行：

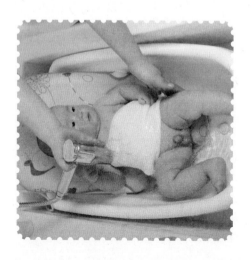

STEP 01：

将宝宝轻轻放在沐浴架上，用纱布或小毛巾盖住宝宝的肚脐，然后检查一下水温。

淋浴的水从妈妈的手流向宝宝的全身，将宝宝的全身打湿。将宝宝头向后仰，由左到右，用手指轻轻洗掉宝宝颈部污垢。然后抬起宝宝的胳膊进行清洗。

掀开盖在宝宝肚子上的毛巾，使淋浴的水经过妈妈的手流向宝宝的胸腹部，并重点清洗小肚脐。然后将毛巾重新盖回肚子上。

STEP 02：

使淋浴的水经过妈妈的手流向宝宝一侧大腿根部的皱褶处，然后清洗另一侧。

妈妈一手抬起宝宝的小脚，使淋浴的水流向宝宝的这只小脚，然后清洗另一侧。

挤出适量沐浴露涂抹于宝宝一侧腋下，再用清水冲洗干净。

妈妈一手抬起宝宝颈部，将宝宝的头向后仰，另一只手将沐浴露涂抹于宝宝颈部，用水冲净。

将沐浴露涂抹于宝宝另一侧腋下，再用清水冲洗干净。

掀开宝宝肚子上的毛巾，将沐浴露涂抹于宝宝的胸腹部，再用清水冲洗干净。

将沐浴露涂抹于宝宝一侧大腿根部，再用清水冲净，然后清洗另一侧。

妈妈一手抬起宝宝的脚，将沐浴露涂抹于宝宝小腿和脚上，用清水冲洗干净。再用同样的方法清洗宝宝的另一条腿。

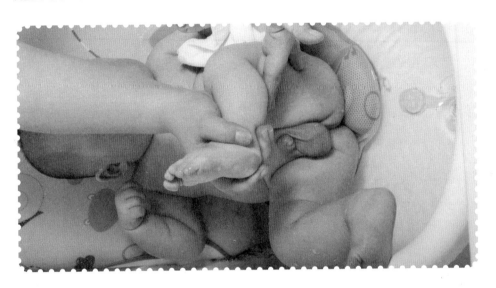

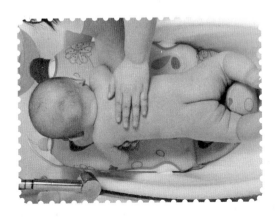

STEP 03：

妈妈一只手抓住宝宝的双脚，使宝宝臀部抬起，另一只手清洗宝宝的小屁股。

俯卧位，成人用手托着宝宝腋下及胸口，宝宝头靠在成人手臂上，由上到下轻轻擦拭宝宝背部。

使宝宝仰卧，将其全身用水再次冲洗一遍即可。

🌲 给宝宝洗澡的注意事项

01 检查自己的双手

为宝宝洗澡前，妈妈要先把自己的双手洗干净，保证指甲短而干净，以免刮伤宝宝。

02 沐浴露等不要使用太频繁

不要每次都使用洗发剂，1周使用2~3次就可以。更不要使用香皂，1周使用1次婴儿沐浴露就可以了，并且一定要用清水把沐浴露冲洗干净。

03 洗澡时间不要太长

妈妈的动作要轻、快，一般不要超过15分钟，以5~10分钟最佳。

04 做好保暖工作

给宝宝洗完澡后，应用干爽的浴巾和毛巾包裹住宝宝的头和身体，待其全身干爽后再给宝宝穿衣服。不要用毛巾擦干宝宝身上的水后马上为其穿衣服，这样容易使宝宝受凉。

05 动作轻柔

宝宝的皮肤很柔嫩，容易受到损伤和并发感染。所以，妈妈的动作一定要轻柔。

06 保护脐、眼、耳

不要把水弄到宝宝的耳朵里。如果脐凹过深，也要把脐凹内的水擦干。不要把洗发剂弄到宝宝的眼睛里去。洗澡时一定不能有对流风。

07 不要马上喂奶

洗澡后不要马上喂奶，可先给宝宝喂一点儿白开水，这对消化有好处。因为洗澡时，宝宝外周血管扩张，内脏血液供应相对减少，立刻喂奶会使血液马上向胃肠道转移，使皮肤血液减少，皮肤温度下降，宝宝会有冷感，甚至发抖。因此，最好等洗澡后10分钟再给宝宝喂奶。

🍄 让洗澡成为快乐的事

一旦宝宝可以坐稳了，洗澡的时间就成为有趣的游戏时间，而不只是让他清洁。

01 放一些洗澡的玩具

一些可以倒水的东西，如塑料杯子、漏斗、有孔的堆沙桶，都能令他着迷；一些能在水中浮游的玩具，如小船、小鸭，也很好玩。

02 摸清宝宝的习性

如果宝宝喜欢自己动手洗澡，那就让他自己洗。根据宝宝的嗜好决定水温和放多少水，给他挑一件洗澡时喜欢玩的玩具。但要注意防止肥皂水刺痛他的眼睛。

03 和宝宝互动

给宝宝洗澡时，要和他玩耍、说笑，喊他的名字；千万别像洗一个脏瓶子那样默不作声。在洗澡时可以让宝宝唱歌、做游戏，同时告诉他怎样自己洗澡。还可以把水撩在他脸上逗他玩，为他以后学习游戏做准备。

04 培养宝宝洗澡的习惯

定好洗澡时间，使洗澡不与其他活动冲突，让每天洗澡成为一个雷打不动的规矩，宝宝就不会想办法逃避洗澡了。

六、 学会给宝宝穿衣服

话说小人儿虽小，可是样样都不能少，衣食住行，每一样都不容小觑。就说基本的穿衣、脱衣吧，不少妈妈事前做足了理论功课，真正到了实践的时候，还是手足无措。

宝宝的穿衣法则基本要参照父母，而不是祖父母，因为老人都会穿得多一些。大人穿几件，宝宝就穿几件，平时多摸摸宝宝的手心和后背，只要这两个地方温热就行。体质较差和病后恢复期的宝宝可比成人适当多穿1~2件衣服。

🍄 请这样帮宝宝穿衣

给宝宝穿衣服的时候，妈妈的动作一定要轻柔自然，以免伤害宝宝的关节。给宝宝穿衣的方法如下：

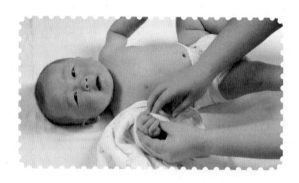

STEP 01：

袖子是最难穿的部位。首先要将袖口收捏在一起，先穿右侧。

妈妈一手握住宝宝右臂肘关节处，一手抓住宝宝团在一起的右手指，使其握成拳头。

将宝宝的右手臂拉伸到衣袖中。

将已穿好的一侧衣服拉平。

妈妈用左手托起宝宝，将衣服塞入到背部。

妈妈的左手拉着宝宝的左手臂，使宝宝向右侧躺。

STEP 02：

　　妈妈用右手将衣服从宝宝背部拉出。

　　接下来穿左侧衣袖。先将袖口收捏在一起。

　　一手握住宝宝左臂肘关节，一手抓其手指，握拳，将左臂拉入衣袖。

　　将宝宝的上衣拉平。

　　由上往下扣上扣子。

　　现在，宝宝的上衣就穿好了。

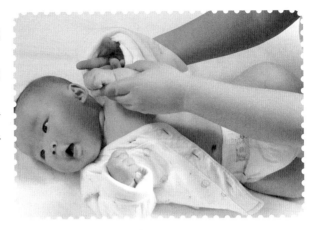

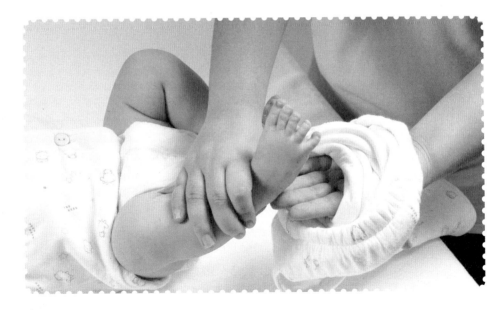

STEP 03：

　　接下来要给宝宝穿裤子了。先将宝宝右侧裤管用手捏住。

　　一手抓住宝宝的右脚，一手将右侧裤腿对住宝宝的脚丫，将宝宝的右腿套入裤腿中。用同样方法穿好左裤腿。

　　妈妈一手提着宝宝右侧裤腰，一手将宝宝的右腿在裤管里拉直，然后拉直左裤管里的左腿。

　　现在，宝宝的衣裤就全部穿好了。

请这样帮宝宝脱衣服

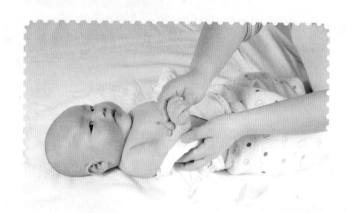

STEP 01：

先让宝宝平躺在一条铺好的浴巾上。

从上向下解开所有的扣子。

先脱右边。妈妈一手握住宝宝的右臂肘关节，稍微弯曲后，一手拽住袖口。

拉出宝宝的右手臂，将宝宝的身体微侧，衣服塞入宝宝背后身体的一侧。

接下来脱左边。妈妈一手握住宝宝的左臂肘关节，稍微弯曲后，一手拽住袖口。

拉出宝宝的左手臂。

STEP 02：

用在手托起宝宝，妈妈的手掌应放在宝宝颈部和背部之间，右手则将衣服从宝宝的背部下面拉出来，顺势将衣服完全脱下。

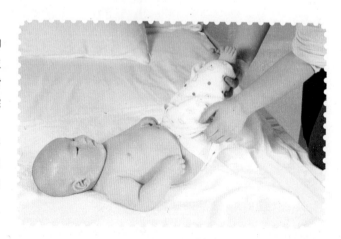

接下来，要给宝宝脱裤子啦。妈妈用一只手握住宝宝的双脚，另一只手则拉住宝宝的裤腰，将裤子拉到臀部。

将宝宝的裤子轻轻拉下。

宝宝的衣服怎么选择

宝宝衣服漂不漂亮不是重点，重要的是衣服要合身、要舒适，要充分考虑到安全因素。

01 纯棉至上

宝宝的皮肤娇嫩，容易出汗，应当选用质地柔软、容易吸水、透气性好、颜色浅淡、不脱色的全棉布衣服。

02 宜买大忌买小

即使新衣服对你的宝宝来说稍微大一些，也不会影响他的生长发育，千万不要给宝宝穿太紧身的衣服。

03 素色为佳

宝宝内衣裤应选择浅色花形或素色的，这样一旦宝宝出现不适和异常，弄脏了衣物，妈妈就能及时发现。

04 无领最好

无领或和尚领斜襟开衫不用系扣子，只用带子在身体的一侧打结，不仅容易穿脱，并可随着新生儿逐渐长大而随意放松，一件衣服可穿较长的时间。

05 看、闻、摸

如果新手妈妈喜欢在小店或小摊上给宝宝买衣服，那么在选择时要注意：

看——不选深色衣服。因为染色剂中甲醛和其他化学制剂含量比浅色衣服高。而白色衣服也要注意，真正天然的白色是柔和的，甚至有些发黄。

闻——有异味的衣服往往是甲醛或其他化学制剂含量过高，不能购买。

摸——摸摸衣服的质地是否柔软。

🌳 宝宝衣物清洗有讲究

01 不要"攒"着洗

很多脏衣服堆在一起会滋生出新的细菌，而且如果不及时清洗衣服上残留的污渍如奶渍等，就很难再洗干净。

02 新衣服也要洗

新买来的衣服不要直接给宝宝穿在身上，一定要先清洗一遍。

03 不和成人衣物一起洗

成人活动范围广，衣物上有很多细菌，在清洗的过程中会沾到宝宝的衣服上。宝宝抵抗力差，细菌可能会让宝宝的皮肤受到感染。

04 洗涤剂要适量

宝宝的衣服一定要用专用的盆单独手洗。洗的时候不可以用洗衣粉，最好选用宝宝专用洗衣液或洗衣香皂。要看好衣服标签上的洗涤说明，以保持衣服的样式、颜色和质地。

即使用宝宝专用的香皂洗衣服也要讲究"度"，过量使用也会适得其反。

05 漂洗是"重头戏"

洗净污渍后，要用清水将衣服反复过水清洗两三遍，直到水清为止。最后，所有洗完的衣服都要在阳光下彻底晒干，因为阳光是最安全的"消毒剂"。

七、护理宝宝的身体

宝宝尚未成熟的肌肤特别娇气敏感，极易受到干燥气候的伤害，导致皮肤干裂。

肌肤的护理

含有天然滋润成分的护肤产品如乳液（润肤露）、润肤霜和润肤油等，可以给宝宝的稚嫩肌肤罩上一层"保护膜"，对宝宝的皮肤形成有效防护。爸爸妈妈可以根据宝宝的皮肤状况来选择适合宝宝的润肤产品。

剪指甲

宝宝的小手非常爱动，喜欢到处乱抓，如果指甲很长，很容易将自己的小脸抓破。另外，这一时期的宝宝还喜欢吃手，如果指甲长了藏有污垢，宝宝吃手时就会把细菌吃入体内。因此妈妈需经常给宝宝剪指甲。

修剪指甲的步骤

🍄 应选择钝头的小剪刀或前部呈弧形的指甲刀。

🍄 一手的拇指和食指牢固地握住宝宝的手指，另一手持剪刀从甲缘的一端沿着指甲的自然弯曲轻轻地转动剪刀，将指甲剪下。注意一定要先将宝宝的指甲与指甲下面的软组织分开，才可操作，以防剪到指甲下的嫩肉。

🍄 应将宝宝的指甲剪至与手指平齐即可，不要剪得太短，以免损伤甲床。

🍄 剪好后要检查一下指甲缘处有无方角或尖刺，以避免宝宝划伤自己的皮肤。

耳朵

01 养成洗耳的习惯

耳朵的外层面暴露在空气中，极易吸附一些尘土和细菌，因此爸爸妈妈一定要注意保持宝宝耳部的清洁。现在，一起来看看清洁宝宝耳部的操作步骤吧。

①让宝宝侧卧。为了不让宝宝感到紧张，妈妈可以边跟他说话边做清洁。

②妈妈将沾有水的纱布或浴巾缠在手指上，仔细擦洗宝宝的耳后及耳朵周围。

③用浴巾轻轻擦拭残留在宝宝耳部的水珠。

02 户外活动也要保护耳朵

爸爸妈妈带宝宝外出时，要注意保护宝宝的耳朵。一是防晒防冻防风，二是防外压和碰撞。当宝宝耳部出现异常现象或疼痛时，妈妈应及时带宝宝就医。

03 避开噪声的刺激

高分贝的噪声会导致宝宝听力下降。爸爸妈妈在让宝宝听音乐、听故事的时候，不要让宝宝戴耳机听，而应采取外放的方式，并且音量不宜过大。

04 防止异物进入耳朵

很多宝宝喜欢将东西塞入自己的耳朵中，这是一种很危险的行为。因为宝宝的耳道非常细窄，如果有异物进入，易撑压耳道，并在耳道中形成阻塞，这是很危险的。

🍄 眼睛

保护宝宝视力

🍄 严格控制宝宝房间的光照度，睡觉时最好不要开灯，长期开灯睡觉可能会诱发宝宝近视。

🍄 给宝宝拍照不要用闪光灯，否则很容易对宝宝的眼睛造成伤害。

🍄 夏季七八月太阳暴晒的时候，不要让宝宝在太阳下照射。

宝宝眼病早发现

宝宝2个月后，若仍不能视物或对灯光照射没有反应，爸爸妈妈要引起重视，及时带宝宝到医院眼科检查，明确诊断，尽早治疗。

🍄 鼻子

新生儿的鼻腔狭小，在鼻黏膜水肿或有分泌物阻塞时易发生鼻塞。如果房间的温度太低，宝宝则会出现鼻塞的症状，大多数情况是由于生理结构引起的，并不是病。

鼻子不通巧护理

当新生儿鼻子不通气时，如需清理宝宝鼻子里的分泌物，妈妈可以采取以下方法：

🍄 棉签蘸水，软化鼻屎。如果宝宝的鼻屎很干，可以拿棉签沾上清水在鼻孔里各滴一滴，这样能软化鼻屎。当分泌物软化后，可以用棉丝线轻轻刺激鼻腔，让宝宝打个喷嚏，把脏物排出。

🍄 布捻子通鼻。用软布做成捻子，轻轻捻动带出宝宝鼻内分泌物。千万不要用镊子等硬物来为宝宝清理鼻腔，这样容易导致鼻腔损伤，严重的还会造成出血。

肚脐

宝宝的脐带脱落前或刚脱落脐窝还没干燥时，一定要保证脐带和脐窝的干燥。妈妈可以利用纱布来保证新生儿肚脐部位的干燥，方法如下：

- 用裁剪好的纱布包围住肚脐。
- 将纱布右侧从纵向折叠。
- 另一边的纱布也纵向折叠。
- 将纱布的上下方都折叠起来。
- 在两侧贴上胶布固定。
- 现在，宝宝的小肚脐已经用纱布保护好啦。

牙齿

每次喂完宝宝奶或是辅食之后，都要对宝宝进行口腔清洁，每天早上和晚上的清洁尤为重要，千万不可马虎。具体方法如下：宝宝喝完奶后，妈妈坐在椅子上，让宝宝坐在妈妈腿上，并把宝宝的头稍微后仰。妈妈用纱布或棉花棒以温开水蘸湿后，轻拭宝宝的舌头与牙龈。

八、给宝宝理发

宝宝的头部皮肤比较薄、嫩，理发应该额外注意，防止碰破头皮，头皮表上的细菌侵入毛囊还会引起皮肤感染。

🍄 准备的用具

婴儿专用理发器：应选择质量好的，最好是买品牌的。刀头是陶瓷的不会生锈，也不会卡住孩子头发，还要带定位卡可以自己调节宝宝头发的长度，不用担心忽长忽短的影响宝宝发型。

婴儿梳子、小毛巾、理发布、软毛刷、小玩具（引孩子高兴）。

🍄 理发的注意事项

🍄 理发动作要轻柔，要顺着宝宝的动作。

🍄 如果宝宝不高兴、想要哭闹，请立刻停止剃头工作。

🍄 理发的过程中要不断与宝宝进行交流，分散宝宝的注意力。

🍄 最好在孩子高兴或者睡着的时候理发，不然孩子哭闹或者抵抗，很容易伤到孩子。

正确理发

01 洗手

为宝宝理发前，要注意用香皂洗干净手，保证大人的手部卫生，不能带着病菌为宝宝理发。

02 为宝宝洗头发

理发前，先将宝宝的头发用洗发水好好洗干净，把头发、头皮上的油脂、汗液及污垢清洗干净。洗净后立即为孩子擦干，以免着凉。

03 理发前

理发前先将理发布给孩子穿在身上，用婴儿梳子自上而下梳理，保证头发没有打绺。理发器选择一定的卡尺，婴儿的头发最好控制在3~5毫米，理发时间最好控制在5分钟以内，时间久了会令孩子反感。

04 理发时

理发的顺序要先从额头开始，由前往后，先理中间后理两边。理发时动作要轻柔，顺着宝宝的动作，尤其是摆头方向，别拉扯到孩子的头发或者伤到孩子。如果在理发的过程中宝宝突然哭闹或者躁动不安，就要停止理发，直到孩子情绪稳定再继续理发。

理发时需要两个人，一个人抱着孩子或者让孩子半躺着，另一个人一手拿着理发器，另一只手则注意在理发时护着孩子。

05 理发后

理完发后，要用软毛刷或者小干毛巾轻轻擦拭孩子的颈部、面部，并将孩子身上的理发布取下，将碎头发清理干净，防止碎头发落入孩子眼中，或者粘在身上引起不适。也可以给孩子再冲洗一下头上的碎头发，若孩子太小也可以拿干毛巾擦一擦。

九、宝宝外出的注意事项

宝宝一天天长大，会有强烈的欲望去接触外部的世界。通过外出，他能更快学会走路，并逐渐学会保持平衡和获得稳健的步伐。同时，散步能帮助宝宝适应气候变化，锻炼他们的体魄，增强他们的抗病能力。

🍄 外出要准备的东西

宝宝外出的时间不宜过长，1个小时之内最好。如果是长时间外出，要按时间给宝宝补充水分、喂奶，让宝宝休息等。宝宝外出要带的东西有：

食

☐ 奶粉、一些水果、零食，还有水

药

☐ 抗过敏药、感冒药（成人和儿童用的都要备上）、创可贴等

用

☐ 纸尿裤、纸巾、湿纸巾、口水巾、玩具

☐ 保温水壶、奶瓶、奶嘴、保鲜盒（装洗好的水果）

☐ 外套、裤子（万一身上的裤子尿湿了，也有得换），远途的外出要多带几套衣服

☐ 婴儿车、婴儿背带（宝宝累了又不愿坐婴儿车时，可以帮上大忙）

☐ 遮阳帽、润肤油，起到防晒和护肤的作用

🍄 婴儿车

宝宝越来越重，经常抱着他真的太累了。要是有一辆婴儿车，把宝宝放在车子里，既能练坐，又能让他自己玩耍，爸爸妈妈也可以轻松不少。

选购婴儿车技巧

爸爸妈妈在购买婴儿车时，一定要从安全角度多做考虑。另外，婴儿车并非价格越高越好，也并非功能越多越好，要选择适合、实用的婴儿车。

🍄 选择安全系数高的

推杆和调节杆的直径应在10~12毫米；刹车灵敏；有锁紧保险装置；安全带符合标准。

🍄 选择带有防震功能的

如果需要经常推着婴儿车外出，要选择具有大轮子且具有加强防震功能的婴儿车。

🍄 考量车子性价比

有些推车带有遮阳或遮雨的顶篷，以及类似裹脚棉被的配件，有些却没有。购车前要检查一下婴儿车包含哪些配件，然后与其他婴儿车做一下对比。

正确使用婴儿车，安全不打折

🍄 注意安全：详细阅读使用说明书；全程给宝宝系上安全带；不要在车内和把手上挂其他重物；让宝宝的脖子处于最舒适的状态。

🍄 莫让宝宝背向爸妈：宝宝背向爸爸妈妈，交流就会减少，宝宝也会感到害怕。

🍄 莫让宝宝长时间坐在婴儿车中：宝宝坐一会儿，然后爸爸或妈妈抱一会儿，如此交替进行。

🌲 儿童座椅

01 按照宝宝的年龄和体重来选择安全座椅

行车安全是第一位的。在同样的情境下，儿童安全座椅能为孩子们上一道安全防护网。爸爸妈妈在购买儿童安全座椅的时候，除了要注重产品的品牌和价格，也不能忽视型号和规格。如果宝宝还未满15个月，一定不能给他使用普通常见的靠背式儿童安全座椅，而应该使用摇篮式的。

02 宝宝在座椅上嘘嘘或者拉臭了怎么办

请购买可拆洗座椅套的安全座椅，并随车携带尿布、尿片、湿纸巾等清洗工具。

03 千万别把孩子单独留在车上

任何时候，无论因为什么理由，都不要把孩子单独留在车内。哪怕只是一小会儿，都不要这样做。

04 宝宝不乐意坐安全座椅怎么办

有些宝宝不喜欢坐安全座椅，排除座椅的设计问题和面料因素，最大的可能性就是因为宝宝不喜欢被座椅束缚着。

刚开始，父母可以将安全座椅放在家里，让宝宝坐上去，然后拿点玩具或好吃的分散孩子的注意力。切忌用急刹车或者急转弯等方式来刺激宝宝。

🍄 外出就餐的注意事项

带着宝宝外出吃饭可不是一件容易的事，因为宝宝随时随地都可能发生一些意外状况。如何安全、从容地带孩子在外用餐呢？

01 选择适合孩子的餐厅

留意餐厅是否安静、宽敞、干净、有卫生许可证等，是否配有儿童座椅和适合儿童的食物。也可以直接选择孩子喜爱的儿童主题餐厅。

03 选择适宜的座位

孩子爱闹爱动，应选一个较宽敞的空间，便于他们活动。另外要注意周围是否有可能伤到孩子的危险品，如玻璃装饰品、尖角状物体等。

02 去前做好准备

首先让宝宝在去餐厅前小睡一会，养足精神；其次，可以给宝宝买一件新鲜有趣的礼物，在吃饭时送给他，不仅让孩子高兴，还能打发无聊的等餐时间；再次，家长可以适当给孩子准备些小点心，如果在吃饭开始前饿了，可以先吃一点。此外，最好给孩子自备一套餐具。

04 选择健康营养的菜品

首先要考虑营养搭配，蔬菜、肉类、主食都要有；点菜时多选择蒸煮食物，油炸食品、烧烤类食物都不适合孩子；生鱼片、凉拌菜等生冷食品不要给孩子吃，以免引起腹泻；尽量少给孩子吃甜点，不要让他们边吃饭边喝饮料。

05 及时处理宝宝的大小便

出门前给宝宝换一个干净的纸尿裤，并随身多带一些纸尿裤和纸巾做好准备。

旅行的注意事项

01 安全

孩子的安全问题始终是放在第一位的，要时刻注意。保证孩子一直在你的视线之内；不要让孩子随便碰不熟悉的动物和植物；晚上尽量不要外出，特别是在一些小地方；孩子在水边（海边或河边）玩耍时，家长一定要在旁边陪伴。

02 睡眠

要保证孩子的睡眠时间，甚至要比在家里的睡眠时间还要长点。游玩的途中要注意让宝宝休息，走一段，休息一会。

03 穿衣

孩子的衣服，在背包和体力能承受的情况下，尽量多带，有备无患。

04 住宿

要选择干净、舒适、洗漱方便和交通便利的酒店。

05 行程安排

尽量按孩子的作息时间安排行程，行程不要安排得太满。出发前要先确定基本的旅行路线，到当地根据实际情况再提前一两天做具体规划。

06 饮食

尽量按照孩子平时的饮食习惯用餐，不要骤然变换花样；尽量做到一日三餐，定时定量；口味应以先满足孩子的需求为原则；随身带点零食，以备旅途中错过吃饭时间可先给孩子垫一下肚子；出门容易上火，一定要让孩子多喝水。

PART 04

男宝宝的
智力发育

0~3岁是一个人智力发育的关键时期，孩子不是吃得好就行，也不是迫不及待地让孩子识字、做数学题就聪明。玩耍是孩子的天性，多与孩子交流、做游戏，让孩子在游戏中学习，是让孩子快乐健康的法宝。

一、在游戏中成长

宝宝在幼儿期蕴藏着丰富的发展潜力，这些潜力可在游戏中被挖掘，使孩子成长为一个健康、聪明的人。

01 宝宝以游戏为生命

游戏对幼儿具有特殊的意义。因为他们在生理上发育还很不成熟，游戏是他们生活的方式，是他们学习和成长的方法。幼儿就是在游戏中生活，在游戏中学习，在游戏中成长的。

02 爱玩、会玩是评价孩子的标准之一

喜欢不喜欢玩、会不会玩，对大人也许不那么重要，可对幼儿却是件大事，它是衡量孩子身心健康发展的标志。因为幼儿的游戏水平反映着他们的身心发展水平。一般来说，会玩的孩子多是聪明能干的、身体健壮的、善于交往合作的孩子。

03 游戏是宝宝最有效的学习方式

游戏的过程就是孩子的学习过程。他们在充满新奇、幻想和奥秘的玩具世界里，小脑袋不停地问，并努力去摆弄、操作以期得出答案。不倒翁为什么不倒？陀螺怎么会转？火车怎么会叫、会冒烟？这些问题不仅激发孩子丰富的想象力、思维力，同时也成了孩子认识世界的工具，启迪他们智慧的教科书。

🍄 男宝宝适合哪些游戏

不同年龄段的孩子，喜欢玩的游戏跟他们的身心发展程度有关系，游戏难度也在不断增长，所以要区别对待。

01 8个月：爬爬更开心

此时，妈妈与宝宝可以进行爬行游戏，比如匍匐前进、人仰马翻、勇往直退等，促进幼儿大脑对手和脚的控制，为下一步的独立行走打下良好的基础。

02 1岁半：爱上"角色扮演"

此时妈妈可以和宝宝一起玩"角色扮演"的游戏：妈妈装作生病了，让宝宝来学着医生的样子为妈妈治病；也可以让两个孩子一起玩，一个当妈妈，一个当宝宝，"妈妈"给"孩子"喂饭、喝水等。

03 2岁：模仿游戏

模仿游戏是宝宝成长必需的游戏，可以培养宝宝的创造力，也可以丰富宝宝的生活体验。爸爸妈妈们要鼓励宝宝多模仿，比如跟着哥哥/姐姐，让二宝模仿大宝的行为；或者做妈妈的跟屁虫、做爸爸的小影子，让宝宝体验大人的生活模式；或者父母积极参与进来，和大宝二宝一起模仿各种动物等，让家庭氛围热闹起来……这对他们良好性格的养成有很大的帮助。

04 3岁：爱上沙和水

3岁之后，是孩子游戏的高峰时期。由于他们自己能力的发展，这个时候的孩子可以利用所有的东西进行玩耍。而且沙和水是自然界中容易获得的资源，并且价钱低廉。安排孩子玩沙和水，可让他们在毫无压力的条件下尽情地享受和探索。

二、睡前小游戏让宝宝睡得更香甜

高质量的睡眠对宝宝的成长发育起着十分重要的作用，如何才能让宝宝睡得香甜，是每个爸爸妈妈都关注的问题。其实在睡前跟宝宝做些小游戏，可以让宝宝更快进入梦乡，安稳地睡一夜。

由于家庭环境的差异性，每个宝宝的睡眠时间各不相同。爸爸妈妈要让宝宝形成自己的睡眠规律，给宝宝建立一种睡前模式：在宝宝睡觉前的1个小时，爸爸妈妈应尽量让宝宝吃饱，过半小时再给宝宝洗澡、换上睡衣，给宝宝哼一支歌或讲一个故事等，告诉宝宝："乖宝宝，我们要睡觉了哦。"这些睡觉前的固定习惯，会让宝宝提前做好睡前准备，有助于宝宝更快地入睡。

睡前按摩

在宝宝睡觉前，爸爸妈妈可以给宝宝做一下睡前按摩，能让宝宝快速安睡。具体按摩方法如下：

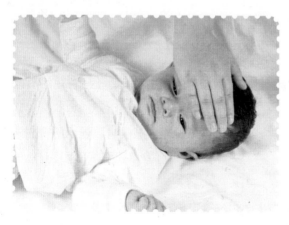

STEP：

　①用手掌在宝宝眼睑处从上到下轻轻抚摸，宝宝很快就能闭上双眼。

　②用指尖轻轻抚摩宝宝耳垂及耳孔周围，宝宝很快就会安静下来。

　③拿起宝宝的小脚，轻轻抚摩宝宝的足底，仔细聆听宝宝的呼吸。

经过爸爸妈妈10分钟的按摩，宝宝很快就会进入甜美的梦乡。

♣ 伴着音乐起舞

晚上睡觉前，爸爸妈妈可以给宝宝唱儿歌或是播放一些优美欢快的歌曲，在唱歌的时候，注意有节奏地摆动宝宝的上、下肢。同时，注意留心宝宝的反应，以免给宝宝造成过分的刺激。

爸爸妈妈还可以和宝宝做一些小游戏，如将宝宝抱在怀里，跟随着音乐的节奏翩翩起舞，这还有助于加深和宝宝的关系。

♣ 荡秋千

做游戏前，准备好一条结实舒适的浴巾或毯子。

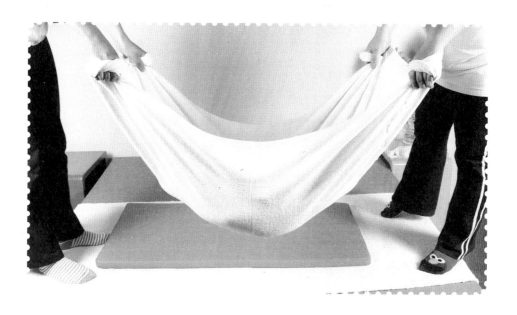

STEP：

①放儿歌《荡秋千》，帮宝宝仰卧在大浴巾内。

②爸妈各拉住浴巾的两角。

③拉着浴巾做左右、上下、前后的小幅度摆动，并可做顺时针、逆时针旋转。

三、 宝宝坐着就能玩的小游戏

随着宝宝各种感觉器官的成熟，宝宝对外界刺激的反应日益增多，爸爸妈妈一定要抓住宝宝智能教育的黄金时期，多和宝宝做一些益智的亲子小游戏，让宝宝快乐长大。

🍄 拍蛋糕

"拍蛋糕，拍蛋糕，面包师傅，帮我烤蛋糕，能有多快就多快。拍一拍，揉一揉，上面还要写个'糕'。放进烤箱烤一烤，宝宝和我一起吃蛋糕！"唱着欢快的歌曲，按照下列方法帮助宝宝来做手指的游戏吧。

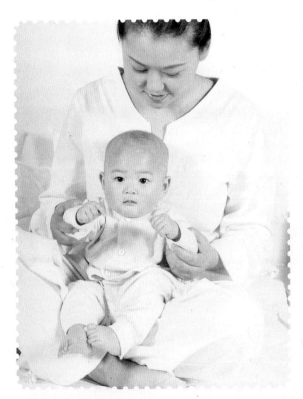

STEP：

①妈妈让宝宝靠坐在自己怀中，用双手各抓住宝宝的一只手。

②妈妈一边唱上面这首歌，一边将宝宝的双手配合着歌曲打着拍子。

③经过一段时间的练习，宝宝便会露出开心的笑容，并会喜欢上这个游戏啦。

🌿 藏猫猫

妈妈可以把手绢蒙在宝宝的脸上，并说："看不见了。"让宝宝自己寻找妈妈在哪儿。这时，宝宝就会试图用小手拉下手绢。

当宝宝开始用手拉手绢时，妈妈可以拿开手绢，让宝宝的小脸露出来，并对宝宝微笑，说："妈妈在这里。"

🌿 撕纸游戏

STEP：

①在进行撕纸游戏时，爸爸妈妈可以选择一些干净、质地柔软的纸，先给宝宝演示一下撕纸动作。

②然后将纸的一头交给宝宝抓住，爸爸或妈妈抓住另一头，示意宝宝一起用力，直到把纸撕坏。

③交给宝宝一张纸，让宝宝抓住纸的两端，爸爸或妈妈两手抓住宝宝的小手，共同将纸片撕开。

四、 一边爬一边做游戏

宝宝有着强烈的好奇心和学习能力，他们会带着好奇心到处活动。爸爸妈妈不要劝阻宝宝，对宝宝过度保护会使宝宝失去探索的欲望。正确的做法是带着宝宝一同做游戏，让宝宝在游戏中认识精彩的世界。

🍄 推圆筒

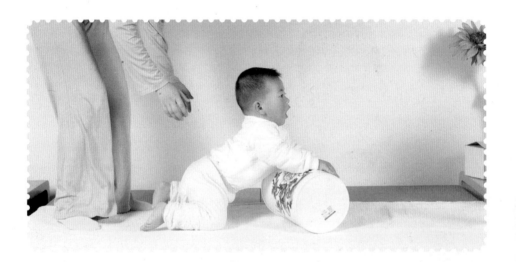

STEP：

①妈妈先在一个圆筒中装入一些饼干或是小玩具，并将圆筒放到宝宝面前，让宝宝施展"推"筒之术，同时用手示意宝宝做推的动作。

②当宝宝推倒圆筒时，妈妈还可以让宝宝玩一会儿玩具或是吃一块饼干，以表示对宝宝的鼓励。

做这个游戏的时候，妈妈一定要注意，宝宝要把推的动作和圆筒倒下来联系在一起需要多次重复练习。妈妈千万不要为宝宝无法完成这一游戏而急躁，一定要耐心地引导和鼓励宝宝进行练习。这个游戏可以通过宝宝的手部动作发展，使宝宝初步的思维能力和自我意识得到提高。

五、 可以站着做的小游戏

宝宝的爬行本领已经很棒了，有时甚至还可以扶着物体站起来呢。爸爸妈妈要加强对宝宝的动作训练，使宝宝的四肢得到充分的锻炼。

🍄 小青蛙蹦蹦跳

STEP：

①让宝宝站在地毯上，背对妈妈。妈妈从背后托住宝宝的腋下，让宝宝伴随着儿歌开始蹦跳。

②妈妈可以教宝宝儿歌："一只青蛙一张嘴，两只眼睛四条腿，两只青蛙两张嘴……"

③当唱到"扑通一声"时，妈妈要托起宝宝的腋下，将其举起，让宝宝的腿部自然地做弹跳动作两次。

在游戏过程中，让宝宝被动地做跳跃动作，能使宝宝的腿部肌肉和膝关节得到锻炼。

六、 适合1岁后男宝宝的小游戏

对宝宝来说，生活即游戏。他在游戏中成长，也在游戏中增长智力水平。此时的宝宝已经掌握很多技能了，游戏种类也越来越多。与前几个月相比，父母会发现宝宝的主动性大大提高，与宝宝在一起时互动的时间越来越长。

🍄 饼干搬家

妈妈可以和宝宝一起做"饼干搬家"的游戏。在做游戏之前，首先要准备一盒手指饼干、两个小碗。妈妈还要将自己和宝宝的手都洗干净。做这个游戏的方法为：

STEP：

①妈妈把若干根手指饼干放入一个小碗中。

②妈妈用食指和拇指拿起一根手指饼干，放入另外一个小碗中。

③妈妈引导宝宝使用相同的方法，将饼干放入另一个小碗中，并在一旁数数："1，2，3…"

🍄 捏小人

　　宝宝抓到黏土时，黏土的触感会让宝宝惊奇。妈妈可以给宝宝示范怎么玩黏土。宝宝因为好奇，可能会把黏土放进嘴里，妈妈要时刻注意并阻止这种情况的发生，反复告诫宝宝"这是不能吃的"。如果宝宝兴趣索然，妈妈不妨多露几手，做出各种形状的泥人，把宝宝的好奇心吊得足足的，然后再握着宝宝的手一起把黏土捏成各种形状。

STEP：

　　①准备足够多的黏土或橡皮泥。妈妈先示范如何捏，之后将黏土交给宝宝，让宝宝试着去捏、搓、拍打。

　　②妈妈向宝宝示范，将黏土或橡皮泥做成一个大饼或搓成一根面条，并鼓励宝宝学习妈妈的做法。

　　③随着宝宝兴趣的提升，妈妈慢慢增加难度。将黏土捏成一个小人，让宝宝产生惊奇感。妈妈自己捏好一个小人之后，再握着宝宝的手捏出同样的小人。

🍄 滑滑梯

　　宝宝喜欢感受滑梯的刺激，爸爸妈妈要经常带宝宝滑滑梯。

　　爸爸或妈妈在宝宝后面，扶住宝宝爬上滑梯，上去后扶着宝宝坐稳，再让其慢慢滑下。下滑时要予以帮助，以保持宝宝的身体平衡性。

　　这个游戏能够锻炼宝宝的攀爬能力。宝宝从刚开始的倾斜着下来，变成坐得正正当当地下来，身体的平衡性由此得到了锻炼，为将来走路稳当做好了准备。

七、教宝宝穿衣服

1岁之后的宝宝，已经可以开始学习自己穿脱衣服了。父母在给宝宝选择衣服时，上衣要稍长，以免宝宝活动时露出肚子着凉。

0~1.5岁妈妈帮忙穿

给宝宝穿衣服可不是件容易的事，宝宝全身软软的，又不会配合穿衣的动作，往往弄得妈妈手忙脚乱。所以，给新宝宝穿衣一定要讲究点技巧。先让宝宝平躺在床上，查看一下尿布是否需要更换，这样可以避免宝宝在穿衣服的过程中尿床，接下来就可以穿上衣了。

套头衫

🍄 把上衣沿着领口折叠成圆圈状，然后从宝宝的头部套过。

🍄 穿袖子。把一只袖子沿袖口折叠成圆圈形，握住宝宝的手腕从袖圈中轻轻拉过，顺势把衣袖套在宝宝的手臂上，以同样的方式穿另一个衣袖。

穿裤子

🍄 先把裤腿折叠成圆圈形，握住宝宝的足腕，将脚轻轻地拉过去。

🍄 穿好两只裤腿之后抬起宝宝的腿，把裤子拉直。

🍄 抱起宝宝把裤腰提上去包住上衣，并把衣服整理平整。

连体衣

🍄 应先把所有的扣子都解开，让宝宝平躺在衣服上，脖子对准衣领的位置，然后用和上面同样的方式给宝宝穿上衣服。

🍄 2岁之后自己学着穿

一般来说，宝宝2岁左右，就会强烈地想要自己的事情自己做。妈妈千万不要因为担心宝宝自己穿不好而拒绝宝宝的自理要求。

01 穿袜子

很多妈妈都会觉得穿裤子对宝宝来说肯定是最困难的一件事，其实最困难的是穿袜子。穿袜子的时候，先教宝宝怎么拿：让脚后跟朝着宝宝这边，把袜子卷起来，将脚趾伸进去，拉到脚后跟，然后将卷起的部分往上拉开，一只袜子就穿好了。

03 穿带粘扣的鞋子

先教宝宝穿鞋的要领：把脚塞到鞋子里，脚趾头使劲儿朝前顶，再把后跟拉起来，将粘扣粘上就可以了。可能有很长一段时间，宝宝会分不清鞋子的左右脚。所以，穿鞋前，你要先帮他把鞋摆好。穿上鞋后，再教他怎么把粘扣粘好。

02 穿裤子时要保持身体平衡

穿裤子的时候，要让他坐在小凳子上穿。两只小脚分别伸进裤筒里，让小脚从裤筒里钻出来后，再站起来提裤子。

04 穿套头衫是个难题

穿套头衫时，告诉宝宝先把头从上面的大洞里钻进去，然后再把胳膊分别伸到两边的小洞里，把衣服拉下来就可以了。

05 穿外套是个技术活

让宝宝学穿衣时，要给他买扣子比较大的外套，他扣起来比较轻松。如果是带拉链的外套，他的小手还不能把拉链搭扣扣上，也就无法顺利穿上外套了。

八、男宝宝的如厕训练

宝宝的如厕行为就像学走路一样，是一个需要耐心等待的过程。父母要学会如何对孩子进行如厕训练——了解孩子是否准备好，并制定有效的如厕训练计划，孩子做对时应该表扬他或给予适当的奖励。

🌸 使用正确的装备

你可以给孩子买一个他喜欢的卡通角色形状的可爱便盆，还可以考虑买一个儿童马桶圈，在孩子需要排便时把它放在马桶上面。

一开始可以把便盆放在游戏室或客厅，这样能增加孩子排便时的舒适感，以后使用时也不那么排斥。

如果你一开始就打算用马桶，则需要给孩子准备一个垫脚凳，这样他们会感觉脚下比较踏实，坐在马桶上比较安全，也会让他们感到更踏实可靠，帮助他们消除掉进马桶的恐惧感。

🌸 制定如厕时间表

制定时间表会有助于把如厕时间变成例行事务，帮助孩子记住要自己去如厕。

刚开始时，定时把孩子放到便盆上，每天2~3次，每次让他们坐上几分钟。如果他们会用了当然很好，如果没有也不要担心。你只需让孩子习惯和感受它就好。

挑孩子最可能上卫生间的时间鼓励他如厕，比如早上醒来、饭后和睡前。

把如厕作为孩子睡前例行事情的一部分——他们穿上睡衣，洗脸，刷牙然后如厕。他们会很快形成习惯。

示范孩子正确使用便盆

通过把脏尿布上的东西倒到便盆里来给孩子解释，告诉他们便盆就是"粑粑"和"尿尿"应该去的地方。你也可以把尿布上的东西倒进马桶里，然后在冲走这些东西时让孩子跟它们说再见。也可以在你要上厕所时把孩子一起带到卫生间来示范如何使用马桶。你坐在马桶上时，让孩子坐在便盆上，示范应该怎么做。

保持耐心

如厕训练对家长来说是一件有压力、有挫败感的事情，但记住这只是暂时的，你的孩子迟早会学会。无论孩子做得好不好都不要在一开始就感到恐慌。当孩子准备好了，他们会学得很好。

如果孩子老是不能领会如厕技巧，最好就让如厕训练搁置1~2个月再试。记住，有的孩子直到3岁才能完全地学会如厕，这是非常正常的。

🍄 男孩如何擦屁股

宝宝顺利排便后，爸爸妈妈应立即将宝宝的小屁股擦干净，并用流动的清水给宝宝洗手，这样可以有效减少细菌感染的概率。妈妈还应每天晚上给宝宝清洗小屁股，以保持宝宝臀部和外生殖器的清洁。

九、 养成良好的生活习惯

有规律的生活，有助于宝宝感受到爱和安全，帮助他健康成长，更有利于妈妈安排和打理家庭生活，建立良好的亲子关系。

养成好的作息习惯

环境不要过分安静。如果孩子"抗干扰"能力弱，容易养成不良的睡眠习惯，只有在极度安静的环境里才能入睡，一有"风吹草动"就容易醒来。

不宜亮灯睡。如果夜间睡眠环境如同白昼，孩子的生物钟就会被打乱，不但睡眠时间会被缩短，生长激素分泌也可能会受到干扰，同时不利于培养其按时睡觉的习惯。

选择舒适的床上用品。枕头要柔软，适合孩子；被子不用太厚，因为可能会引起呼吸不畅或者温度过高而影响其睡眠质量。孩子只有感觉到睡觉是件很舒服的事，才有利于培养其按时睡觉的习惯。

养成白天运动的习惯。妈妈应鼓励孩子在白天多参加户外活动，一番活动下来，体力得到消耗，到了晚上自然会感到疲倦，按时睡觉。

根据实际情况制定作息时间表。妈妈要观察孩子的生活习惯，确定他所需要的睡眠时间，然后制定适合他的时间表，并严格监督。让孩子晚上准时睡觉，白天定时起床，不能让他养成赖床的坏毛病，在必要时要对孩子强硬一点。

坏习惯要及时纠正

当发现孩子身上有一些坏习惯，比如不讲卫生、赖床、晚睡、无节制地看电视等，家长要及时纠正，让孩子改掉这些坏习惯。

不吃饭

餐桌上，孩子不好好吃饭，或者吃一会就跑了，妈妈要端着碗追着孩子喂。

支招

三餐固定，每餐定时，过时不候，餐间不给零食。重要的是，大人要起表率作用，一起遵守。

晚上不睡觉

晚上10点，早该睡觉了，孩子却把娃娃和毛绒玩具摊到床上，玩得起劲，不肯休息。

支招

指指墙上的挂钟，示意孩子到就寝时间了，告诉他按时休息才能保证第二天去幼儿园不迟到。无论孩子找什么理由，父母都要想办法拒绝。

一直玩游戏

孩子一直看电视，或者拿着手机玩游戏没完没了，妈妈想关掉电视或拿走手机，孩子就会大哭大闹。

支招

制定规则，跟孩子约定看电视和玩游戏的时间，并用闹钟或计时器予以提醒。

十、 养成正确的饮食习惯

饮食习惯关系到宝宝的身体健康，父母要足够重视。有些父母长期无原则顺应孩子不合理的饮食要求，不仅养成孩子挑食偏食的习惯，还会使孩子得不到均衡的营养，产生两极分化——营养不良和肥胖。

父母应对孩子的饮食行为给予指导，告诉孩子应吃什么，不应吃什么，并告诫孩子学会控制自己不健康的饮食欲望，逐步确立良好的饮食习惯。

养成饭前洗手的习惯

孩子的很多疾病都是从口入的，因此饭前一定要洗手。

告诉宝宝为什么要洗手

告诉宝宝，手接触外界难免带有细菌，这些细菌是看不见、摸不着的，如果不将双手洗干净，手上的细菌就会随着食物进入肚子，宝宝就会因为吃进不干净的东西而导致生病。

提醒宝宝勤洗手

有的宝宝贪玩、性子急，不是忘记洗手就是不认真洗，家长应经常耐心地提醒宝宝洗手，不要因宝宝不愿意洗手而采取迁就的态度。在不便洗手的环境中可用湿的消毒纸巾为宝宝擦干净手后再吃东西。

教会宝宝正确的洗手方法

先用水冲洗宝宝的手部，将手腕、手掌和手指充分浸湿后，用洗手液或香皂均匀涂抹，让手掌手背指缝等处沾满丰富的泡沫，然后再反复搓揉双手及腕部，最后再用流动的水冲干净。宝宝洗手的时间不应少于30秒。

🍄 养成良好的饮食习惯

🍄 专心就餐

在真正就餐之前，要安排一个适宜的就餐环境：关上电视、拿开手机、移走玩具……把一切容易转移注意力的物品拿开，可以培养良好的就餐习惯。

🍄 就餐定时

其实，孩子吃饭的时间应控制在30分钟左右。如果中午12点吃饭，到12点半就不要再撵着孩子喂饭了，下一顿6点开饭，就让孩子饿到6点，一定要控制好就餐时间。

🍄 餐前餐后半小时内不要吃水果

饭前饭后半个小时内不要吃水果、喝水。饭前不喝水是为了防止饱腹感，饭后喝水则容易冲淡胃液，影响消化，吃水果则会加重胃的负担。

🍄 让孩子自立饮食

家长应尽量让孩子自己吃饭，让孩子养成自己用餐的习惯。因为家长喂饭的时候，不知道孩子的心理活动，好不容易喂进去，可能一口没喂好，孩子吃的东西就全吐出来了。

十一、养成讲卫生的好习惯

生活中大部分疾病，都与个人卫生习惯密切关联。讲卫生的好习惯一旦养成，将使孩子一生受益，并直接影响着孩子的生活质量。

🍄 每天早晚洗脸，手弄脏后随时清洗，勤剪指甲，以保持手脸的清洁。

🍄 勤洗澡、洗头。洗澡的次数可根据天气而定：夏天每天2~3 次，冬天每周1~2 次。

🍄 未出牙的婴儿，可多喂开水冲洗口腔。2 岁幼儿应早晚漱口，3 岁后要养成早晚刷牙的好习惯。

🍄 要帮助孩子养成饭前便后洗手的习惯。

🍄 不要随地大小便。婴儿便后洗臀，幼儿每晚睡前洗臀部和脚。

🍄 常换洗衣服，保持服装整洁；尿布被褥要勤换勤洗，保持清洁。

🍄 养成刷牙的习惯

一般来说，孩子到了两岁半，20颗乳牙都萌出后，就可以开始教孩子学刷牙了。3岁左右就应该让孩子养成早晚刷牙、饭后漱口的习惯。

让宝宝爱上刷牙的窍门

🍄 挑选宝宝喜欢的刷牙装备。让他自己挑选刷牙用具：牙刷、水杯、牙膏。让刷牙成为宝宝最爱的一个游戏。

🍄 示范给宝宝看。晚上睡觉前，和宝宝一起刷牙。宝宝看着大人认真地刷牙，也会煞有介事地刷。

🍄 刷牙竞赛。开展全家刷牙大赛，每天早上和晚上临睡前，一家三口争先恐后地来到卫生间刷牙，比比谁刷牙最积极、最认真、最彻底，获胜者能得到一朵小红花。宝宝就会成为刷牙最积极的一位了。

🍄 教宝宝正确洗手

手闲不住的孩子，哪儿都想摸一摸。如果再用这双小脏手抓食物、揉眼睛、摸鼻子，病菌就会趁机进入宝宝体内，引起各种疾病。所以，洗手可以说是日常生活中最简单有效的防病措施，是预防疾病的第一道防线。

01 宝宝不爱洗手怎么办

每天和孩子一起洗几次手，让孩子觉得洗手确实是一件很重要的事。

把宝宝最喜欢的玩具或者食物摆在一边，告诉宝宝，洗完手之后就可以去玩玩具，或者吃东西。为了得到自己的最爱，宝宝会乖乖就范的。

让孩子自己挑选喜欢的肥皂和毛巾，激发他使用它们的好奇心。

02 宝宝一定要洗手的情况

当手被呼吸道分泌物污染时，如打喷嚏及咳嗽。

触摸过公共物品，例如电梯扶手、升降机按钮及门把手后。

在接触眼、鼻及口前。

进食及处理食物前。

大小便后。

外出回家后及接触动物或家禽后。

03 宝宝正确洗手的步骤

湿：在水龙头下把手淋湿，使用肥皂或洗手液。

搓：手心、手背、指缝相对搓揉20秒。

冲：用清水把手冲洗干净。

捧：用手捧清水将水龙头冲洗干净，再关闭水龙头。

甩：双手五指自然下垂，在水池里甩上三甩，防止手上的水滴在地上。

擦：用干净的毛巾/纸巾擦干或用烘干机烘干。

十二、做好宝宝的安全教育

现在很多家长都重视孩子的学习教育，其实儿童的安全教育也不能忽视。从宝宝1岁起，就应该开始对他进行安全教育，让宝宝懂得什么是危险，怎么避免危险，让孩子在没有大人帮助的情况下也能自己保护好自己。

✿ 安全教育教什么

01 防走失、拐骗教育

在宝宝刚学会说话时，就要告诉他家庭地址、爸爸妈妈的姓名、自己叫什么。再大一点，最好能让宝宝知道爸爸妈妈的电话和单位。3岁内的宝宝完全可记住上述内容。当宝宝在小区里玩耍时，爸爸妈妈应在边上看护，并告诉宝宝不能跟不认识的人走，即使是熟人，爸爸妈妈不在时，也不要跟他离开。

02 教会孩子说"不"

让孩子学会说"不"。家长不能总是教导孩子要有礼貌，不能因为礼貌就跟不认识的人走。孩子是敏感的，别人对自己是好是坏是能感知到的。要让孩子知道，有时候可以相信自己的直觉，如果觉得某人反常，一定要及时告诉爸妈，不论这个人是老师还是朋友。

03 防止意外教育

宝宝都喜欢登高爬低，虽然他们对高也有恐惧，但好动与好奇又常使他们在玩耍中忘了危险。爸爸妈妈要经常提醒宝宝，不要去危险的地方，不要做危险的动作。如不要从滑梯上跳下来，不要在双杠上随便放手，不要到处乱爬等等。当他出现危险倾向时，要严厉制止。

在室外活动时，要让宝宝知道躲避汽车；不要在小区的马路中间玩，不要在横穿马路时猛跑，要告诉他车来后躲避的方式。比如当汽车过来时，妈妈不要只想着急忙抱起宝宝，而最好是牵着宝宝的手，避到近侧的路边，让宝宝能亲身体验到应该怎么办。

🍄 教宝宝警惕六种坏人

- 🌳 向宝宝请求帮助的大人
- 🌳 给宝宝看宠物照片的大人
- 🌳 知道宝宝名字的陌生人
- 🌳 告诉宝宝家里有紧急情况的大人
- 🌳 想给宝宝拍照的大人
- 🌳 拿糖果或玩具引诱宝宝的大人

TIPS

对宝宝的安全教育原则

◎待宝宝能够听懂大人的话的时候，方可进行。

◎对宝宝的尝试和失败要有耐心，成功时要及时给予鼓励。

◎在训练中避免强迫，要引导宝宝高高兴兴地接受训练，寓教于乐。

十三、陪宝宝读绘本

儿童绘本是宝宝认知世界的开始，家长们要养成陪宝宝一起读绘本的习惯。每天晚上固定半小时的亲子共读时间，与电脑、电视隔离。长此以往亲子关系会越来越好，而宝宝也会越来越聪明。

 图画书的挑选关键

一般情况下，0~3岁的幼儿选择绘本时要注意材质，要适宜幼儿翻阅，尽量选择色彩鲜明、背景单纯、图像简单的绘本，句子要短小且韵律感强，或选择无字书。

01 形式：可以玩的绘本

有一类绘本宝宝可以一边读一边玩，如触觉书、布艺书、折叠书、拼图书、画画书等。挑选这类书的时候，要考虑材质是否耐用以及亲肤，同时要看一看缝合线是否牢靠。另一方面，父母也要保持良好心态，给孩子操作和探索的机会，发展孩子的触感和动作。

02 作用：帮助记忆的绘本

1岁以上的宝宝开始慢慢懂得物体是永久存在的了。当物体不在眼前时，宝宝们能在心里描绘出物体的样子。在挑选绘本时可以挑选翻翻书和有洞洞的书，鼓励孩子自己去翻一翻，也要鼓励宝宝在操作、阅读的同时去记忆物体的形状和颜色。

03 内容：行为规范类绘本

宝宝们学会走路和说话后，动和说的欲望会大大增强，在这个时候逐渐给孩子建立良好的行为规范是父母们不容忽视的部分。可以选择一些告诉宝宝怎样做的行为类绘本和认识世界、学习知识的启智类绘本。

0~3岁图书推荐

	图书特点	推荐图书
0~1岁	对于1岁前的孩子来说，书本和玩具没有本质上的区别。阅读对1岁前的孩子来讲，主要是通过读图、听讲，培养孩子对书的兴趣和喜欢。这个阶段可以相对慢一点，根据孩子的兴趣给予多一些感官刺激，建立孩子对阅读的正向感知，能引起一些简单互动，目的就达到了	《小熊波比》 《猜猜我是谁》
1~2岁	1~2岁的宝宝，迎来了人生第一个自主探索期。他们好奇、爱冒险，观察力敏锐，能表达自己意见，对各种东西都表现出浓厚的兴趣，越奇怪的地方，越想去看个究竟。这个阶段，应该多让孩子接触各种有趣、好玩、有同理心又有神秘感的绘本，以此刺激孩子的探索欲望，培养孩子的自信心和独立性	《拉鲁斯低幼小百科》 《揭秘汽车》
2~3岁	2~3岁年龄段的孩子，自我意识逐渐萌芽，已经明白书是一种"特殊"的玩具，不再撕书、咬书、把书搬来搬去。这个阶段他们记忆力超强，唐诗、三字经，给啥背啥。开始有了符号、文字概念，喜欢重复的故事，总是挑那几本固定书目，要爸爸妈妈一遍又一遍地讲读	《猜猜我有多爱你》 《奥莉薇》

十四、 让宝宝学会交朋友

宝宝长大一些后，身边除了父母，还需要有一些同龄的小伙伴一起玩耍才好，因为大人给孩子带来的感觉是代替不了孩子之间的交流的。那么宝宝应该怎么交朋友呢？

01 多与人交往互动

真正的人际交往必须产生互动言语和互动行为。孩子要经常和小伙伴说话交流，与人群发生互动，尤其在现代高楼居住环境中，父母更要经常带孩子下楼转转，和同龄的小伙伴们打交道。

02 在冲突中发展智能

爸爸妈妈都希望宝贝与小伙伴和平相处，但实际上这是不可能的，而且冲突是宝贝发展人际交往智能的重要时机。妈妈不要把冲突看成完全消极的现象，一出现问题就带着宝贝回避现场，而是要正确引导孩子解决矛盾。

03 爸爸是提升宝贝人际交往的重要人物

孩子需要认识男女是不同的人，有不同的特点和交往方式，这样才能形成完整的社会性别意识。因此，爸爸要把与宝贝的互动交流纳入到日常的生活安排之中，抽时间与宝贝一起运动、散步、说话、讲故事、做游戏等，充分发挥父亲在宝贝早期教养中的重要作用。

🌸 宝宝交朋友会遇到的问题

孩子交朋友发生困难，爸妈不应责备或代替他处理问题。而要观察孩子的特质、经常倾听，才能给孩子提供最适合的关键技巧。

交不到朋友怎么办

孩子如果个性比较内向或爱哭，就不容易很快融入群体中。

解决方案

先了解孩子背后的问题，例如：是每天都没有朋友一起玩，还是只有某一天；可以听听别人眼中的他是怎样的小朋友，从原因上解决问题。

如果孩子太内向，则要多鼓励孩子，学会一种拿手游戏，勇敢地和小伙伴说："一起玩吧。"

吵架了怎么和好

好朋友可能会吵架，大多数孩子不会记仇，有时争吵完后，过一会又慢慢玩在一起了。但有些孩子会因此伤心难过，不知道怎么和好。

解决方案

爸妈可以表达自己理解孩子难过的想法，同时帮助孩子理清"两人在吵什么""想要跟朋友说什么"。如果孩子在吵架后觉得很沮丧，则要先重建他对自己的肯定，然后再做下一步的沟通。

十五、 父母要正确地表扬宝宝

表扬孩子好的行为有利于孩子的健康成长。但表扬也是一门艺术，不正确的夸奖，很可能影响孩子的健康发展，只有表扬到了点儿上，宝宝才会觉得你是真的承认了他的努力，而非敷衍。那么怎样才能使表扬更有效呢？

01 表扬要详细一些

对宝宝的表扬不能只是泛泛而谈，一句"你真棒"有时会让宝宝感觉你没有诚意。表扬的话语应详细一些，让宝宝感觉到你是真的体会到了他的努力，并鼓励他去做得更好。

02 强调参与的过程

宝宝学习新的东西时，父母不要一上去就评价宝宝做得好不好，而应先表扬一下他的热情和进步，比如虽然宝宝画画画得不是很好，但是妈妈可以说："宝宝选的颜色好漂亮啊！"这样可以鼓励宝宝坚持学习。

03 真心地表扬宝宝

只有发自内心的表扬才会让宝宝感受到你的关注，别看宝宝小，他也是可以分辨真假表扬的。如果宝宝一件事做得不够好，不要勉强表扬他，而是应当说"我知道你在努力了"，以便让宝宝知道你在关注他的努力。

04 不要拐弯抹角地表扬

不要用自以为幽默的语气来表扬宝宝。宝宝不一定能理解你的幽默，有时还会误以为你在批评他。与其拐弯抹角地表扬宝宝，不妨只对他微笑，竖起大拇指，或者摸摸他的头，以此来鼓励他，树立宝宝的信心。

🍄 表扬宝宝要注意方法和技巧

　　表扬的目的是给孩子们营造一种内部激励机制，让孩子做了好事、完成某项任务时，能从中获得满足感和成就感。但如果表扬不注意方法和技巧，非但起不到应有的作用，有时还会适得其反。在表扬孩子时，应该注意以下问题：

　　🍄表扬不要敷衍。家长在表扬孩子之前一定要想想孩子是否真的值得表扬，随口就来的表扬，实际上是对孩子不负责任的敷衍，这不是促进孩子健康成长应持的态度。长期敷衍孩子会影响家长在孩子心中的形象与威信。

　　🍄父母应该有一种责任感，将表扬孩子当做一件重要的事情，不能漫不经心，张口就来。即使自己忙、情绪不好或有其他原因，也不能用一两句话连哄带骗地表扬来打发孩子。

　　🍄表扬孩子要讲究技巧。一般来说，表扬孩子分为物质奖励和精神奖励两种。父母在奖励和表扬时要注意孩子的年龄特点和性格特征，将二者巧妙结合，灵活运用。

　　🍄3岁以前的孩子，经验很少，他们对某些精神奖励方式缺乏体验，而更看重物质奖励，比如好吃的糖果、点心、漂亮的衣服、玩具等。所以，对于这个年龄阶段的孩子来说，父母应当多采用物质奖励的手段，并适当运用积极鼓励的语言来强化孩子的好习惯和好行为。

　　🍄随着孩子年龄的增长，可以慢慢过渡到诸如口头表扬、赞许、点头、微笑、注意或认可等精神奖励为主的阶段。比如对三四岁的孩子，父母觉得孩子的表现良好，就可以用给他讲一个有趣的故事、带他到户外或公园游玩、和他一起下棋、做游戏等作为奖励。

十六、 批评孩子要注意技巧

孩子犯了过错，家长如果一味责备孩子，甚至打孩子，不讲批评技巧，结果往往会事与愿违。因此，家长批评孩子时一定要注意掌握技巧。

🍄 批评宝宝三原则

🍄 **低声**：家长应以低于平常说话的声音批评孩子，"低而有力"的声音会引起孩子的注意，也容易使孩子注意倾听你说的话。

🍄 **暗示**：家长如果能心平气和地启发孩子，不直接批评他的过失，孩子会很快明白家长的用意，愿意接受批评和教育，而且也保护了孩子的自尊心。

🍄 **适时适度**：幼儿的时间观念比较差，昨天发生的事，仿佛已经过了好些天了，加上孩子天性好玩，刚犯的错误转眼就忘了。因此，家长批评孩子要趁热打铁，不能拖拉。

🍄 批评宝宝要注意的问题

01 批评前让自己冷静下来

孩子犯了错，家长难免心烦意乱，很可能一时冲动之下对孩子说出不该说的话，做出不该做的举动。因此，在批评孩子之前，家长一定要强迫自己冷静下来，对孩子的错误要有客观公正的评判，才有利于问题的解决。

02 先进行自我批评

孩子犯错误，父母或多或少有一定的责任。在批评孩子前，如果父母能先来一番自我批评，如"这事也不全怪你，爸爸/妈妈也有责任"，会让家长和孩子的心理距离一下子拉得很近，让孩子更乐意接受父母的批评。

03　注意时间和场合

批评孩子尽量不要在以下时间：清晨、吃饭时、睡觉前。清晨可能会破坏孩子一天的好心情；吃饭时会影响孩子的食欲；睡觉前会影响孩子的睡眠。

批评孩子不应在下列场合：公共场所、当着孩子同学朋友的面、当着众多亲朋的面。在公开场合批评孩子，会让孩子感觉很没面子，打击孩子的自信心。

04　父母要形成"统一战线"

中国很多家庭在教育孩子方面，一个唱红脸，一个唱白脸，其实这对孩子的成长是不利的。因为当孩子犯错后，他们所想的不是如何去认识和改正错误，而是积极去寻求一种庇护，寻求精神的"避难所"，甚至可能因此变得肆无忌惮，为所欲为。所以，当孩子犯错后，父母一定要形成"统一战线"，让孩子能正视自己所犯的错误，并努力去改正自己的错误。

05　给孩子申诉的机会

导致孩子犯错的原因是多种多样的，有孩子主观方面的失误，但也有可能是不以孩子的意志为转移的客观原因造成的。在孩子犯错后，不要剥夺孩子说话的权利，要给孩子一个申诉的机会，让孩子把自己想说的话和盘托出，这样家长会对孩子所犯的错误有一个更全面、更清楚的认识，对孩子的批评也会更有针对性。

06　批评之后给孩子一定的心理安慰

孩子犯错后，情绪往往会比较低落，父母批评孩子后，应及时给孩子一些心理上的安慰，比如说"没关系，知道错了改正就行""我知道你是个聪明的孩子，自己知道该怎么做"之类的话。也可以从行动上安慰孩子，比如握握他们的手，拍拍他们的肩，或给他们一个微笑，一个拥抱等等。这样就会让孩子感到，家长还是爱他们的，也会对自己充满自信。

PART 05

产后妈妈
也需要护理

　　辛苦怀胎十月，终于盼来宝宝第一声啼哭！看着自己的骨肉，新妈妈既疲惫又骄傲。然而待产时的剧痛、消耗的精力，会使新妈妈身体虚弱，抵抗力下降；身体的损伤、器官的恢复，也需要产后的休养才能复原。为了让新妈妈从损耗中恢复过来，避免患上"月子病"，家人要多多关爱产后妈妈，多参与育儿，让妈妈尽快恢复。

一、新妈妈产后身体变化大

"十月怀胎，一朝分娩"。产后妈妈们经历了怀孕、分娩的过程，身体变得异常虚弱，需要好好休养。

通过产后检查，能及时发现新妈妈产后恢复得是否良好，是否患上了某种疾病，此外还能避免患病妈妈对宝宝的健康造成影响。因此，新妈妈们切不可掉以轻心。产后检查一般应安排在产后42~56天内进行。

总体健康检查

漫长的孕期和分娩可能会对新妈妈身体的每一个部分功能都产生不同的影响，所以整体的健康检查十分必要。其与常规体检一样，包括体重、血液测量、心跳和胸腔检查的项目。经过这些检查，医生就可以根据新妈妈的情况提供营养补充方案和产后的护理建议。

恶露的评估

恶露是指分娩时，羊水、血液以及胎盘组织剥离物的混合体。妈妈分娩后就会有大量恶露流出，恶露的持续时间一般是42天，绝大多数会在产后6周完全消失。若6周后仍有恶露出现，可咨询医生，并根据具体情况做一个完整评估。

会阴伤口愈合情况

如果新妈妈分娩时进行了外阴切开术或者因为用力过度而出现撕裂的话，就要在一定的期限内检查伤口的愈合情况。大部分的伤口问题会在分娩后10天内出现。如果新妈妈发现自己的伤口有红肿、疼痛或有不正常的液体流出，要立刻咨询医生。

🍄 剖宫产伤口的检视

剖宫产是一个手术，对人体必然有很大的损伤，因此剖宫产的新妈妈需更加留意自身的产后恢复情况，注意伤口有无疼痛和红肿。不妨到医院让医生检视一下伤口，以确定伤口的复原情况。

🍄 妇科检查

01 乳房检查

女性的乳房在怀孕期间和分娩之后都会经历巨大的变化，所以有必要做一下全面的检查，以确保乳房是健康的。如果新妈妈平时有任何不适，都要及时地告诉医生，以便进行综合的诊断。

02 阴道变化检查

阴道恢复的速度因人而异。新妈妈的阴道如果有松弛的现象，建议做些增加阴道紧实的产后运动。如平躺在床，抬头、抬身体、抬脚及抬腿等。

03 子宫、卵巢和宫颈检查

刚分娩完的新妈妈子宫的重量大概是1千克，1周后剩下500克，再过1周只剩300克，3周后大概恢复到100克。而子宫的正常重量大概只有几十克，到了产后第六周，子宫就会恢复到原本的大小。所以，医生在为新妈妈做产后检查时，通常会评估子宫是否已恢复到正常大小、卵巢及子宫内部是否生有异常的组织等。

🍄 妊娠期并发症的追踪

关于产后新妈妈怀孕并发症的追踪，会因并发症的不同而有所区别。一般来说，医生会对新妈妈的高血压、糖尿病、血液疾病、产后感染等病情做追踪检查。

🌳 心理健康检查

产后新妈妈的心理健康和生理健康同样重要，很多新妈妈在产后或多或少会有一些心理问题，要早发现、早治疗，以免引发产后抑郁症。千万不要小看抑郁症，这种心理疾病很容易引发自杀等严重的后果。如果新妈妈自己或家人发现新妈妈有任何异常，应该咨询相关的专业人士。

🍄 性生活指导

不要过早恢复性生活

若是恶露尚未干净，就开始性生活，会把男性生殖器和新妈妈会阴部的细菌带入阴道，引起子宫或子宫附近组织的炎症，有时还可能引起腹膜炎或败血症，严重影响新妈妈的身体健康，甚至危及生命。

如果新妈妈的会阴或阴道有裂伤，过早开始性生活还会引起剧烈的疼痛或伤口感染，影响伤口的愈合。同时，性生活的机械刺激会使尚未完全恢复的盆腔脏器充血，降低对疾病的抵抗力，引起严重的产褥感染，甚至引起致命的产后大出血。

选择适合自己的避孕方式

产后母乳喂养的新妈妈应主要采用工具避孕，也可以采取放置宫内节育器等长效的避孕方法。但需要提醒的是，哺乳妈妈要避免采用口服避孕药的方法避孕。口服避孕药会重新调节体内激素水平，影响泌乳，对宝宝不利。

非母乳喂养者可选用避孕药物，但应在医生指导下服用。

二、 新妈妈产后饮食要注意

宝宝出生后的6周是新妈妈身体恢复的重要时期，也是宝宝成长非常迅速的时期。这段时间新妈妈的饮食特点最好是营养丰富且易消化，同时荤素搭配合理、主食充足，并摄入足够的汤汁水分。

产后宜温补不宜大补

许多新妈妈产后为了催奶、补充体力，会喝许多大补的汤水。其实，刚生完孩子不应马上进补猪蹄汤、参鸡汤等营养高汤。

首先，新妈妈刚生产完，身体仍处于极度虚弱的状态，肠胃的蠕动较差，食物的消化与营养吸收功能尚未恢复。此刻若立即进补，体内的恶露尚未排尽，新的又来，容易延长恶露排出的时间。

其次，产后的饮食调理还要按身体的恢复状况来进行。若进补时间错了，内脏尚未复位就吃下许多难以消化的食物，新妈妈会因为无法吸收这些营养而累积在体内，造成代谢失调，导致有的新妈妈出现产后肥胖症，有的新妈妈则瘦弱无元气，怎么吃怎么补都无法吸收。

🍄 产后6周慢慢调整体重

在宝宝出生6周后，哺乳的妈妈身体已经基本复原，和宝宝也建立了较为稳定的母乳喂养模式，这时就可以通过健康的饮食习惯来慢慢调整体重了。这个过程有时需要10个月到1年的时间，最好的速度是每周减重0.5~1.0千克。因为短时间过快的体重变化，不仅会让身体吃不消，还可能会影响乳汁质量，从而影响宝宝的成长。其实新妈妈要知道，坚持母乳喂养就会消耗掉大量的能量。所以，当新妈妈给宝宝断奶时，往往会发现自己已经恢复了苗条的身材。

01 产后尽早开始活动

产后适当活动可调节人体新陈代谢，消耗体内过多的脂肪和糖分，预防产后的大肚子和水桶腰。尽早下床活动，特别是尽早开始进行体育锻炼活动，则有助于防止产后肥胖。

02 合理膳食

产后42天内不要节食，也不要吃得太多。如果吃得太多，活动太少，多余的营养就会积存在体内，使体重增加。无论是孕期还是产后，科学合理的饮食习惯都是非常重要的。

03 加大运动量，坚持很关键

新妈妈可以适量做一些大幅度运动，以加速体内水分和脂肪的分解。比如可以做一些产后瑜伽、产后健身操、产后快走、晚饭后散步、跑步、有氧运动等。可以把减肥进度写下来，以便监督自己认真运动。

三、哺乳期妈妈的生活禁忌

哺乳期间，妈妈的生活或饮食会给宝宝带来直接的影响。因此，一些富含咖啡因或酒精的食物要少吃或不吃，一些不良的生活习惯要纠正。

01 不饮酒

哺乳妈妈在哺乳期除了可少量食用如米酒等传统的下奶食物外，应该禁止喝酒。哺乳妈妈摄入过量的酒精，会给哺乳带来障碍，对乳儿带来危害。

02 不吃巧克力

巧克力所含的可可碱，会渗入母乳并在婴儿体内蓄积，会损伤宝宝的神经系统和心脏，并使肌肉松弛，使排尿量增加，结果会使婴儿消化不良，睡眠不稳，哭闹不停。

03 不喝茶、咖啡和汽水

茶叶中含有的鞣酸会影响肠道对铁的吸收，引起哺乳妈妈产后贫血；咖啡因具有兴奋作用，对需要大量睡眠的新妈妈们不利；汽水中含有较多的磷酸盐，进入肠道后会影响人体对铁的吸收，导致新妈妈发生缺铁性贫血。

产妇在喂奶期间，如果摄入咖啡因，咖啡因能通过乳汁进入婴儿腹中，引起婴儿肠痉挛。常喝茶、喝咖啡的产妇哺育的宝宝经常无缘无故啼哭，就是这个原因。

04 不抽烟

研究表明，抽烟的哺乳妈妈催乳素水平偏低，泌乳反射少，乳汁供给量少，也容易提早断奶。哺乳妈妈吸烟还会引起宝宝呼吸道及鼻腔疾病，宝宝患肺炎、哮喘、耳朵感染、支气管炎、鼻窦感染，以及哮吼的概率大大增加。婴儿的鼻道对烟雾非常敏感，受到刺激后，会分泌黏液，造成鼻塞，让婴儿难以呼吸。

哺乳妈妈抽烟也容易导致婴儿猝死，哺乳妈妈每天抽20支烟以上，宝宝的猝死率增长5倍；如果父母都抽烟，宝宝的猝死率再翻一番；妈妈不抽烟，但爸爸抽烟，猝死率也会增加。父母抽烟的孩子去医院看呼吸道感染的次数是别的孩子的2~3倍。所以为了宝宝的健康，哺乳妈妈要禁烟。

05 不吃辣

辛辣食品，如辣椒，容易伤津耗气损血，加重气血虚弱，并容易导致便秘，通过乳汁会对婴儿不利。对于姜、蒜、韭菜等味道比较辛辣、浓烈的食物，建议妈妈少吃，因为这些食物可以影响到乳汁的味道，导致孩子拒绝母乳。

06 谨慎用药

哺乳妈妈生病了，吃不吃药要看病情。如果只是小病，比如一般感冒，可以考虑药物以外的治疗方法，比如熏蒸、多喝水、多休息、给身体充分的时间自然康复。

在某些情况下，用药是必须的，不仅可以让病情得到控制和治疗，也间接地对宝宝有利，尽管宝宝会接触到渗入乳汁中的少量药物。如果生病了却苦撑着不吃药，则会减少乳汁分泌，而且生病时也无法做个好妈妈。

四、新妈妈常见疾病的预防

新妈妈分娩之后，身体发生很大变化，加上生产时消耗大量体力，使新妈妈身体虚弱，免疫力下降，很容易生病。因此需要运用正确的调理方法、恰当的预防措施，才能调养得比怀孕之前更好。

乳腺炎

产后妈妈由于淤乳处理不当引起化脓，或从乳头伤口进入化脓菌引发感染，很容易患上乳腺炎等症。不仅影响到乳房的美观，对宝宝和自己的身体都会产生不利影响。

乳腺炎表现为乳房红肿发硬，疼痛剧烈，体温可达38℃左右。严重者，积存的脓使乳房变得软且大，最后从乳头往外流脓，这时必须要切开排脓。

预防

每次哺乳后要将乳房挤空。

保持乳头的清洁，最好用温开水清洗乳房，不要用香皂类等碱性清洁物品。

养成定时哺乳的习惯。

假如乳头已有破损或皲裂，应暂时停止哺乳，待伤口愈合后再进行，还要注意不要让宝宝含着乳头入睡。

感觉乳房发硬或疼痛时，要尽早请医生诊治。

在治疗初期，要常挤乳，或用冷毛巾暂时冷敷，以减轻症状，或遵医嘱使用抗生素和消炎药。

关节疼痛

身体疲劳的新妈妈，机体的免疫功能下降。若不注意分娩后的身体保养，不在意冷热，时常遭风吹、受凉，非常容易外感风寒，让病邪侵入而致病，导致全身关节疼痛。

预防

谨防风寒，不让凉气上身。要注意保暖，夏天也不能对着凉风吹。

加强营养，多进食高脂肪、高蛋白质的食品及富含维生素的新鲜蔬菜和水果等，增强抗病能力。

子宫脱垂

分娩造成宫颈、宫颈主韧带与子宫骶韧带的损伤，或者分娩后支持组织未能恢复正常，容易造成子宫脱垂。此外，产后习惯蹲式劳动（如洗尿布等），都可使腹压增加，促使子宫脱垂。

预防

产后3个月注意充分休息，不作久蹲、担、提等重体力劳动。

注意大小便通畅。

适当进行身体锻炼，提高身体素质。

增加营养，多食具有补气、补肾作用的食品，如鸡、山药、莲子、大枣等。

节制同房。

严重病例及不再生育的妇女可做手术治疗。

骨盆疼痛

分娩过程中，由于胎儿过大、产程过长、急产、难产、产时用力不当或姿势不正确等，造成骨盆损伤。会感到耻骨处有疼痛感，严重时甚至迈不开腿，用不上劲，有时还会出现尿失禁、子宫下垂、子宫脱位等情况。

预防

控制孕期体重。

如果胎宝宝过大，最好考虑剖腹产，或进行适当的会阴切开术。

疼痛严重时，必须卧床休息，并采用骨盆恢复带固定骨盆。

产后注意多休息，减少上下楼梯以及走斜坡路的活动。

产后6~8周若有持续症状，应尽早就医治疗。

腰酸腿痛

孕期及产后缺钙、过度疲劳及产后运动和休息不合理、长期不良姿势等均可导致腰酸腿痛。

预防

孕期及产后注意饮食调理，补充钙剂、维生素及矿物质。

产后适量运动，劳逸结合，避免久坐和久站。

保持良好的姿势。坐时腰部挺直；睡眠时可采取左侧卧位。

纠正抱婴、哺乳姿势，可经常变换姿势，避免长时间固定姿势导致肌肉疲劳。

尿潴留

一般来说，妈妈在顺产后4~6小时内就可以自己排尿了。如果在分娩6~8小时后甚至在月子中，仍然不能正常地将尿液排出，并且膀胱还有饱胀的感觉，那么，你就可能已经患上尿潴留了。

预防

产程中避免积尿，产后多喝水，争取每隔3~5个小时排尿1次。

产后多坐少睡，避免降低排尿的敏感度，阻碍尿液排出。

如果仍不能及时排出尿液，或者仅能排出部分尿液，而下腹部膀胱处还是疼痛难忍，应立即就医。

便秘

生完宝宝后，很多女性会出现有1~2天不排便的状况，这种现象比较正常，日后将逐渐恢复。但也有20%的女性产后便秘的情况越来越严重，大便连续若干天异常或者排便干燥并伴有疼痛，难以排出。

预防

适当运动。顺产产妇一般生产次日即可下床稍作活动。

缩肛活动。即将肛门向上提，之后缓慢放松。早晚一次，每次10~30回。

饮食合理。多食新鲜的瓜果蔬菜，忌刺激性食物。

调节情绪。避免精神过度紧张或过度疲劳。

五、排解新妈妈的育儿压力

在抚育孩子的过程中，妈妈们收获了无与伦比的甜蜜感受，也付出了大量的心力和体力，经受着经济上、精力上和时间上的巨大压力。

分析压力来源，对症下药

压力总有来源，要不就是自己给的，要不就是亲人或者朋友给的。压力过大就容易出错，容易精神崩溃。妈妈先要正视育儿压力的来源，如果是自己给的压力，那么就要给自己减压；如果是亲人给的压力，则应去找亲人谈一谈，弄明白亲人的意图，也讲出自己的难处，和平地解决问题。妈妈们面临的主要压力有：

孩子常常生病

孩子生病是大多数妈妈最大的压力。孩子的免疫系统发育尚未完善，自然会受到各种细菌、病毒的侵袭。

支招

孩子生病时，妈妈一定要从容镇静地应对，不要惊慌失措，病中的孩子是十分敏感的，妈妈的不良情绪也会使孩子受"感染"，从而影响疾病的康复。

儿童的许多疾病是可以预防的，平时要做好预防工作，让孩子远离细菌，养成经常洗手的习惯，加强锻炼，增强体质。

事业家庭难以兼顾

不少妈妈不但要在事业上求发展，还要兼顾家务和教育孩子，常常觉得力不从心，疲累不堪。

预防

如果感到力不从心，不妨把要承担的事排排队，并做必要的取舍。比如，让保姆或钟点工帮忙做家务，放弃一些不重要的聚会，腾出时间来做孩子的玩伴。即使你能给孩子的时间不多，也要保证一定质量的"亲子时间"，与孩子沟通和互动。

青春不再

经过了怀孕、生产、哺育等历程，身材变形，线条不再，也没有时间装扮自己，越来越自卑。

预防

制定运动计划，如果因照顾宝宝实在抽不出时间，可将轻体育渗透到你的日常生活中。比如在做家务时收缩一下腰腹部的肌肉；忙里偷闲在阳台上弯弯腰、踢踢腿，或者与孩子一起做做亲子健身操。

保持良好的形象，不要把坏心情挂在脸上，笑口常开，快乐是抵抗衰老的最佳"药材"。

🍄 寻求长辈的帮助

如果将照料、教育孩子的责任全部揽在自己身上，那是肯定会崩溃的。释放压力的最简单方法就是给予家庭其他成员照顾宝贝、与宝贝相处的机会，不要将责任都揽到自己身上，学会同他人合作、同他人分担责任。给宝贝的爸爸、爷爷、奶奶、外公、外婆合理分工、统筹安排，会非常有效地缓解妈妈的压力。

将孩子给爷爷奶奶之后，妈妈可以到KTV唱一次歌、到繁华的街上逛一逛、早早睡觉等，这些都是有效的解压方法。

妈妈要知道，抚育孩子很重要，自己的身心健康也不能忽视，压力到了一定限度就要释放。给自己一段时间，可以是一天、一个下午、一个小时，选择适合自己的方式，倾诉、喊叫、哭泣、运动，或者只是在小区的长椅上坐一坐……给自己一个空间，让自己能够喘口气，稍作休息，这些都是有效的压力排解方式。

🍄 让爸爸参与育儿

妈妈并不是天生就会做妈妈的，也是在实践中锻炼、从书本中学习，通过不断犯错、不断进步才做得越来越好的。所以也要有意识地让爸爸去学习，参与到孩子的成长中来。

🌳 爸爸要和孩子建立更亲密的关系，以便能替代妈妈来照顾孩子。比如爸爸多和妈妈一起陪孩子出去玩；在家里，爸爸可以多照顾孩子的吃饭睡觉，给孩子讲故事，主动积极地陪孩子玩游戏。

🍄 幼儿托管

请保姆的技巧和准则

调查显示，父母不在家有58%的人会把宝宝交给长辈，有19%的人认为保姆是最佳选择，这表明除了长辈之外，保姆是妈妈的第二选择。以下是选保姆的几项技巧和准则：

🌑 没有最好的保姆，只有最适合你的保姆。父母要非常清楚自己需要的是什么，才能保证你和保姆的合作畅通无阻。先让候选对象回答你的问题，而非一开始就告诉她你要找什么样的保姆。听从你的本能反应，别雇用你认为不好也不坏的保姆。

🌑 决定聘用之前至少和保姆见两次面，第一次不要带宝宝，这样你能很好地关注她的回答，关注到她的身体语言和其他细节。最好找一个朋友陪你一起面试保姆，也许她能发现你没有发现的问题。

🌑 第一次见面就表现得和宝宝非常熟悉的保姆往往不是你最好的选择，没有人能立刻就和宝宝建立亲密的关系。

🌑 上岗前先体检。在正式聘用之前应该有几天的试用期，这样你可以观察到她和宝宝相处的情况。确定保姆了解急救常识。如果你雇用了保姆，至少在她开始工作的头两个月花较多时间了解和培训她。

🌑 如果你雇用的保姆不适合你，不要因为你不愿意辞退人而勉强雇用她，因为宝宝永远是第一位的。

🍄 怎样选择好的全托幼儿园

全托幼儿园在生活习惯的养成、膳食管理及日常教学中都较家庭有不可替代的优势，孩子是否适合上寄宿学校或全托幼儿园因人而异。但家长们要学会选择好的全托幼儿园。

01 安全

安全问题是极为重要的，不管是食品卫生方面，还有硬件方面，都要做得非常细致，让你能把孩子安心地放在这里托管。

03 团队

孩子的辅导关键在于老师的用心程度和良好的管理团队，家长要看幼儿园的服务和师资团队是否值得信赖。

02 方便

一定要看全托幼儿园的位置，如果离家比较远，建议不要考虑：孩子过马路不安全；孩子吃饭不方便；孩子遇到其他问题，不容易解决。

04 口碑

口碑是很重要的，一定要选择口碑好的托管机构。

05 教学环境

如果处在一个积极向上的环境中，孩子很容易变得更加开朗、大胆、自信；如果是差的环境，孩子的情绪也会不太好。所以考察幼儿园一定要看看教学环境。

PART 06

男宝宝的
安全和健康防线

宝宝从坐到爬，从走到跑，对于世界的探索从未停止，在这个过程中，惊喜和危险无处不在。作为孩子安全和健康的第一道防线，父母不但要让宝宝健康长大，还要对宝宝进行安全保护和教育，让孩子学会保护自己，拥有一个快乐的童年。

定期体检及接种疫苗

婴幼儿正处于生长变化最快，也是最脆弱的时期，所以应定期做身体健康检查，并定期接种各类疫苗，这是宝宝健康成长过程中必不可少的。

🍄 宝宝要定期体检

宝宝的定期体检要好好地遵守，它不只是简单地量身高、称体重，不仅能对孩子的营养保健有个及时的指导，还能及早发现病症，予以治疗。

出生后第42天

🍄 **检查项目**

☐ 视力　　　☐ 生殖器

☐ 肢体

4个月

🍄 **检查项目**

☐ 动作发育　　☐ 口腔

☐ 视力　　　　☐ 血液

☐ 听力

6个月

🍄 **检查项目**

☐ 动作发育　　☐ 牙齿

☐ 视力　　　　☐ 血液

☐ 听力　　　　☐ 骨骼

9个月

🍄 **检查项目**

☐ 动作发育　　☐ 牙齿

☐ 视力　　　　☐ 骨骼

1周岁

🍄 **检查项目**

☐ 动作发育　　☐ 听力

☐ 视力　　　　☐ 牙齿

18个月

🍄 **检查项目**

☐ 大小便　　　☐ 血液

☐ 动作发育　　☐ 蛔虫病

☐ 视力　　　　☐ 肘部脱位

☐ 听力

┌─ **2周岁** ─────────────────┐
🍄 **检查项目**

☐ 动作发育　　☐ 牙齿

☐ 大小便　　　☐ 听力
└────────────────────────┘

┌─ **3周岁** ─────────────────┐
🍄 **检查项目**

☐ 动作发育　　☐ 牙齿

☐ 视力
└────────────────────────┘

🌱 0~3岁宝宝要定时接种

宝宝满月后，爸爸妈妈就应带着"预防接种证"，带宝宝定期去社区医院进行体格检查，并按时进行疫苗接种。

预防接种前，爸妈一定要知道的

🍄 正在发热的宝宝不宜进行预防接种，应查明病因，待退热后再接种。

🍄 有急性传染病（包括恢复期），或有慢性病正在发作的宝宝不宜接种。

🍄 重度营养不良、严重佝偻病、先天性免疫缺陷的宝宝不宜接种。

🍄 脑或神经系统发育不正常，有脑炎后遗症、癫痫病的宝宝不宜接种。

🍄 患有心脏病、肝炎、肾炎、活动性结核病的宝宝不宜接种。

🍄 存在免疫缺陷疾病和使用免疫抑制剂的宝宝不宜接种。

🍄 有严重过敏史的宝宝不宜接种。

🍄 腋下或者颈部淋巴结肿大的宝宝不宜接种。

🍄 患局部皮肤感染、严重皮炎、牛皮癣、湿疹等疾病的宝宝不宜接种，痊愈后方可进行接种。

🍄 注射免疫球蛋白后，至少要间隔6 周以上才能接种疫苗；等接种完疫苗后，至少2 周方可注射丙种球蛋白。

🍄 当两种疫苗一起注射时（如卡介苗和麻疹疫苗），宝宝一般不会产生不良反应，但如果这两种活疫苗未能同时接种，那么最好间隔4 周以上，以免影响效果。

🍄 脊灰糖丸（脊髓灰质炎减毒活疫苗糖丸）不能用热水送服，服用半小时内不能吃奶、喝热水。

🌸 计划内疫苗（一类疫苗）

计划内疫苗（一类疫苗）

接种时间	接种疫苗	次数	可预防的传染病
出生时	乙肝疫苗	第一次	乙型病毒性肝炎
	卡介苗	第一次	结核病
1月龄	乙肝疫苗	第二次	乙型病毒性肝炎
2月龄	脊灰疫苗	第一次	脊髓灰质炎（小儿麻痹）
3月龄	脊灰疫苗	第二次	脊髓灰质炎（小儿麻痹）
	无细胞百白破疫苗	第一次	百日咳、白喉、破伤风
4月龄	脊灰疫苗	第三次	脊髓灰质炎（小儿麻痹）
	无细胞百白破疫苗	第二次	百日咳、白喉、破伤风
5月龄	无细胞百白破疫苗	第三次	百日咳、白喉、破伤风
6月龄	乙肝疫苗	第三次	乙型病毒性肝炎
	流脑疫苗	第一次	流行性脑脊髓膜炎
8月龄	麻疹疫苗	第一次	麻疹
9月龄	流脑疫苗	第二次	流行性脑脊髓膜炎
1岁	乙脑减毒疫苗	第一次	流行性乙型脑炎
	甲肝疫苗	第一次	甲型病毒性肝炎
1.5岁	甲肝疫苗	第二次	甲型病毒性肝炎
	无细胞百合破疫苗	第四次	百日咳、白喉、破伤风
	麻风腮疫苗	第一次	麻疹、风疹、腮腺炎
2岁	乙脑减毒活疫苗	第二次	流行性乙型脑炎
3岁	甲肝疫苗（与前剂间隔6~12个月）	第三次	甲型病毒性肝炎
	A+C流脑疫苗	加强	流行性脑脊髓膜炎
4岁	脊髓疫苗	第四次	脊髓灰质炎（小儿麻痹）

🌸 计划外疫苗（二类疫苗）

计划外疫苗（二类疫苗）

体质虚弱的宝宝可考虑接种的疫苗	
流感疫苗	7个月以上患有哮喘、先天性心脏病、慢性肾炎、糖尿病等疾病，以及抵抗疾病能力差的宝宝，一旦遇到流感流行，很容易患病并诱发旧病，家长应考虑为孩子接种
肺炎疫苗	肺炎是由多种细菌、病毒等微生物引起的，单靠某种疫苗预防效果有限。一般健康的宝宝不主张选用，但体弱多病的宝宝，应该考虑选用

流行病高发区应接种的疫苗	
B型流感嗜血杆菌混合疫苗（HIB疫苗）	世界上已有20多个国家将HIB疫苗列入常规计划免疫。5岁以下的宝宝容易感染B型流感嗜血杆菌。它不仅会引起小儿肺炎，还会引起小儿脑膜炎、败血症、脊髓炎、中耳炎、心包炎等严重疾病，是引起宝宝严重细菌感染的主要致病菌
轮状病毒疫苗	轮状病毒是3个月到2岁婴幼儿患病毒性腹泻最常见的原因。接种轮状病毒疫苗能避免宝宝严重腹泻
狂犬病疫苗	狂犬病发生后的死亡率几乎是100%，目前世界上还没有有效的治疗狂犬病的方法。凡被病兽或带毒动物咬伤或抓伤后，应立即注射狂犬病疫苗。若被严重咬伤，如伤口在头面部、全身多部位等，应联合用抗狂犬病病毒血清

即将要上幼儿园的宝宝考虑接种的疫苗	
水痘疫苗	如果宝宝抵抗力差应该选用；对于身体好的宝宝可用可不用，不用的理由是水痘是良性自限性"传染病"，列入传染病管理范围。但即使宝宝患了水痘，产生的并发症也很少

二、居家安全不容忽视

家是一个温馨舒适的地方，然而对于探索欲极强的宝宝来说，家也是一个"危机四伏"的地方，随处潜伏着不容忽视的"隐形杀手"。因此，父母要细致入微地为宝宝营造一个安全舒适的居家环境。

🍄 厨房

器具摆放

🍄 锅柄要转到内侧，在燃气灶外面套上防护罩。

🍄 瓷砖地板铺上防滑垫。

🍄 搅拌机、烤箱等家电，不用时拔掉插头。

🍄 厨房台面上的桌布、家电的电线，不要垂到台面外。

物品收纳

🍄 刀具收好，不要让孩子够得到。

🍄 架子上易碎、容易造成异物窒息的东西收好。

🍄 猫食或是宠物食品应放在孩子接触不到的地方，避免孩子误食造成窒息。

🍄 橱柜和家具门上装上安全的插销；橱柜里的清洁剂、漂白剂和洗衣液等，确保孩子拿不到。

🍄 箱子封好放在不易触及的地方；椅子收好，让宝宝没有机会踩着爬到桌子上。

客厅

爸爸妈妈可以趴下来，试着从一个房间爬到另一个房间，从宝宝的视角观察，看看家里有什么安全隐患。

家具摆放

🍄 家具不要摆放在窗边，孩子有可能会爬上去摔下来。

🍄 家里的茶几可以先收起来，等宝宝长大一点再搬出来；如果是玻璃茶几，要确保玻璃的安全性。

🍄 桌子、柜子的4个角加橡胶防撞护条；养成把危险或易碎的东西往桌子中间摆放的习惯。

🍄 桌布的几个角折好固定在桌面以下，这样宝宝就不会轻易抓住了（用桌垫更安全些）。

物品安全

🍄 花瓶、装饰物、台灯、植物放在安全位置；蜡烛、打火机、香烟、火柴放在不易找到的地方，以防火灾或是烧伤。

🍄 覆盖插座以防触电；定期检查电线，防止老化磨损。

🍄 确保地板上没有会让宝宝窒息或引发危险的物品，例如塑料袋、硬币、气球、剪刀、针线等。

🍄 检查和整理悬垂的各种线，如窗帘绳、晾衣绳、灯绳等（把窗帘绳、灯绳缩短到只有大人够得着的高度即可）。

🍄 有些植物会对身体造成伤害，不宜在室内养殖，要学会辨识。

🍄 窗户锁好；关好落地窗。

🍄 洗手间

不要留宝宝一个人在洗手间，即便2~3厘米深的水也会让一个小婴儿溺毙。

器具摆放

🌳 为避免宝宝把自己反锁在卫生间，不要把卫生间的门加锁。可以在卫生间门的内外高处各装一个插销，供大人使用，保护隐私，宝宝也够不着。

🌳 卫浴用品和化妆品，特别是剃须刀、洗涤剂、指甲油、洗甲水和发胶等，应放在柜子里，确定宝宝够不着，防止伤害到孩子或是引起中毒。

🌳 洗完澡后，马上放掉浴缸里的水。

🌳 地板上放置防滑的踏脚垫。

🌳 刷牙杯和香皂盒用塑料的，不要用玻璃的。

🌳 马桶盖放下来，防止孩子把头伸到马桶里而溺水。

🌳 确定电器不会碰到水；插座要覆盖；吹风机收好，防止触电。

🍄 卧室

卧室是宝宝停留最多的地方。一些看似安全的地方却可能对宝宝造成伤害，妈妈们应该为宝宝营造一个真正安全的卧室环境。

家具选择

🍄 宝宝家具应避免挑那些有棱角的，圆滑的钝角可防止宝宝意外碰伤。如果已购有棱角家具，一定要用棉花或专业的防护角将这些棱角包起，以免伤到宝宝。

🍄 现在的婴儿床一般都装有护栏，如果没有，家长可自己在婴儿床边加装护栏，以避免宝宝不小心跌落。

🍄 在床边的地板上铺软垫，万一宝宝不小心掉下床，也不至于直接撞在地板上。

🍄 清除婴儿床周边的杂物，尤其是尖锐物品。

物品安全

🍄 毛绒玩具容易藏螨虫和灰尘，导致皮肤过敏，甚至哮喘，不要长期放在床头。

🍄 不要长期开小夜灯睡觉，这样做极易造成孩子视网膜的损害，增加患近视的概率。

🍄 手机、充电器、充电玩具等不要在孩子的房间进行，这些小物件的辐射会增加孩子患病风险。

🍄 很多植物晚上会放出二氧化碳，危害孩子健康，更有些植物是"隐形杀手"，要慎重放置。

三、男宝宝常见疾病与防治

宝宝抵抗力弱，经常会有不适状况发生。爸爸妈妈不要紧张过度，可以多学习一些宝宝常见病的基本辨别和护理知识。

发热

一般来讲，肛门处温度为38℃，口腔内温度为37.8℃，耳内温度为37.5℃，腋下温度为37.2℃，超过上述指标时就可以认为是发热。一般情况下，测量宝宝的肛门温度最准确。平时在家给宝宝测量体温时，最好选择腋下或肛门进行测量，这样，在宝宝真正发热时才能进行清晰比较。

宝宝体温37.5~38℃，妈妈这样护理

让宝宝多喝白开水： 如果宝宝不喝，可以添加一些青菜汁或水果汁等有味的东西，记得要喂温的。

适当减衣服： 可以把宝宝的衣服敞开，让宝宝的皮肤自然降温。

宝宝体温38.2~39℃，妈妈这样护理

换较薄的衣服： 及时给宝宝更换吸汗性好且轻薄的棉质衣服。

温水擦浴： 用毛巾浸湿35℃左右的温水后，擦拭宝宝手心、足心、肘窝、腋窝、大腿根部、颈部、后背等处，使皮肤的高温（约39℃）逐渐降低。

常擦汗： 汗水的蒸发会令宝宝感觉到寒气，妈妈要及时擦拭宝宝额头、脖子、胯下等出汗多的部位，这样有助于退热。

若宝宝体温达39℃以上，最好送宝宝去医院治疗。

感冒

宝宝感冒的发病过程

感冒是上呼吸道感染的俗称，是宝宝最常见的疾病之一，多见于季节变换时。宝宝感冒发病后，常常先是感到鼻咽部位干燥不适、鼻痒，总是揉鼻子，打喷嚏；1~2天时，宝宝会出现鼻塞，流清水样鼻涕的症状；3天后，宝宝的清水鼻涕就会变成黏性或黏脓性涕。有些宝宝在感冒过程中还会伴随发热现象。

加强护理，做好预防

🍄 保持室内空气流通、空气清新，预防感冒。

🍄 科学育儿，宝宝衣服要随气候的变化及时增减。

🍄 养成良好的生活规律，增加宝宝在室外的活动。

🍄 饮食不宜过饱，多吃蔬菜、水果、豆制品等食物。

🍄 冬、春季呼吸道疾病流行期，避免去人群聚集的公共场所。

感冒入侵，怎么保护宝宝

在感冒初期，如果宝宝不发热，最好不要带宝宝去医院打针，以免引起交叉感染。爸爸妈妈在家中对感冒宝宝的护理，要做到以下几点：

🍄 **注意饮食**：可以给宝宝吃些清淡、易消化的半流食，如稀米粥等；同时要让宝宝多喝水，充足的水分可以让宝宝的鼻腔分泌物变得稀薄，更易于清理。

🍄 **充分休息**：尽量让宝宝休息好，注意室内空气的流通，保证房间干净整洁、空气新鲜湿润。

🍄 **让宝宝睡得更舒服**：宝宝睡得舒服，有助于缓解病情。比如宝宝出现鼻塞，可在头部褥子底下垫上毛巾，让宝宝保持45°躺卧，有助于缓解宝宝鼻塞症状。

🍄 **随时关注宝宝的病情**：小儿感冒在发病过程中，都可因继发细菌感染而合并其他疾病，如肺炎、中耳炎等，发现这些并发症后要及时请医生诊治。

 # 咳嗽

引发咳嗽的原因

🍄 非疾病因素，比如由吸入物刺激而引起。空气中的尘螨、花粉、真菌、动物毛屑、硫酸、二氧化硫等，都会刺激小儿呼吸系统，引发咳嗽。

🍄 气候的变化也会诱发宝宝咳嗽，如寒冷季节或秋冬气候转变时。

🍄 如果宝宝属于过敏体质，一旦食用可引起过敏的食物，如鱼类、虾、蟹、蛋类等，也有可能引起咳嗽。

🍄 疾病也是引起咳嗽的主要原因，感冒、呼吸道感染、肺炎、咽喉炎等许多疾病都有咳嗽的症状。

咳嗽护理，讲究科学

宝宝咳嗽时，爸爸妈妈应寻找诱发咳嗽的原因，并选择最好的治疗方法。如果宝宝只是轻微咳嗽，做好护理工作就能让宝宝的病情得到缓解。

🍄 **提供充足的水分**：若宝宝摄取水分不足，会使痰变得更加黏稠，使其紧附着在呼吸道黏膜上，从而加重咳嗽。因此要给宝宝补充比平日更多的水分。

🍄 **减少进食量**：减少每次进食的量，做到少食多餐。

🍄 **防止家中干燥**：维持家中适宜的湿度，因为干燥的空气会刺激呼吸道黏膜。

🍄 **远离二手烟**：不要在宝宝的房间里吸烟。

🍄 **拍打宝宝背部**：让宝宝趴在妈妈的膝盖上，妈妈凹起掌心在宝宝的胸部及背部轻拍或者揉搓。

🍄 **多吃富含维生素的新鲜蔬菜**：如青菜、胡萝卜、番茄等。

🍄 **适当运动**：适当运动对提高免疫力有帮助。

🍄 鹅口疮

什么是鹅口疮

鹅口疮又名"雪口病"，是一种由白色念珠菌感染引起的口腔疾病。鹅口疮通常出现在宝宝的双颊两侧，有时也会出现在舌头、上腭、牙龈等位置，其表面是层叠白斑，看上去很像凝固的牛奶。

鹅口疮是什么引起的

🍄 因为接触了含有白色念珠菌的食物或衣物而感染。

🍄 因乳具消毒不严、乳母乳头不洁或喂奶者手指污染所致。

🍄 在出生时经产道感染，或见于腹泻、使用广谱抗生素或肾上腺皮质激素的患儿。

得了鹅口疮怎么护理

🍄 **局部使用制霉菌素**：爸爸妈妈可以把霉菌素研成末与鱼肝油滴剂调匀，涂擦在宝宝患病部位，每4小时用1次药，待白色斑块消失后即可停药。

🍄 **使用2.5%碳酸氢钠溶液**：爸爸妈妈可以使用2.5%的碳酸氢钠（小苏打）溶液，在哺乳前后对宝宝的口腔加以清洗。一般来说，连续使用2~3天病症即可消失，但痊愈后仍需继续用药数日方可有效防止复发。

🍄 **注意饮食**：在喂哺宝宝时，要鼓励宝宝多饮水。另外，宝宝用过的食具一定要单独清洗，煮沸消毒。切忌用粗布强行擦拭或挑刺宝宝的口腔黏膜，这样会引起局部损伤，加重感染。

要提醒爸爸妈妈的是，如果在家中用上述方法治疗5~7天后，宝宝的病情仍未得到缓解，或者是情况越来越严重，爸爸妈妈就应带宝宝及时到医院就医，以免耽误治疗。

婴儿肠套叠

肠套叠是指某段肠管进入了临近的肠腔内，引发肠道堵塞。肠套叠是小儿外科最常见的急腹症，多发于6个月至1岁的宝宝。

宝宝出现肠套叠的原因

- 饮食性质和规律的改变
- 肠炎、菌痢等疾病引起
- 寄生虫和毒素的刺激等

做好预防，将疾病挡在门外

合理喂养：平时要注意科学喂养宝宝，不可让宝宝过饱或过饥。给宝宝添加辅食的时候，爸爸妈妈一定要遵循由少量到多量、由一种到多种、由粗到细、由稀到稠的原则。

留心宝宝的变化：爸爸妈妈在日常生活中要注意观察宝宝的一切变化，发现问题及时带宝宝去医院就诊，这样可以有效降低宝宝患肠套叠的概率；若是患病，能得到及时有效的治疗。

肠套叠，爸妈这样护理

气体灌肠法：如果早期能够发现并确诊病情，可以塞入直肠内的导管，向肠道中注入一定量压力的气体，使套入的肠管逆行复位。这个方法十分简单，效果明显（须在医院治疗）。

急诊手术：如果到了晚期（超过2天以上），患儿出现面色不佳、眼窝下陷、高热不退等症状，就需要对宝宝进行急诊手术，但手术的危险性较大，因此此病还是早发现、早治疗为好。

密切观察病情变化：爸爸妈妈应密切观察宝宝的病情变化，注意宝宝是否出现阵发性哭闹、呕吐等；一旦有异常出现，需立即告知医生。

呕吐

宝宝呕吐的原因

🍄 **喂养或进食不当**：喂奶过多，吃奶时吞入大量空气，或食物不易消化。

🍄 **消化道感染性疾病**：如宝宝患上胃炎或者是肠炎、痢疾、阑尾炎等疾病，会因为局部受到刺激而出现反射性呕吐，并且还会伴有恶心、腹痛以及腹泻等症状。

🍄 **神经系统疾病**：脑炎、脑膜炎、头颅内的出血或肿瘤以及颅脑外伤等中枢神经系统疾病也能引起呕吐。

🍄 **精神因素**：有些宝宝可能会因为某些原因造成的精神过度紧张或焦虑引发呕吐。

🍄 **中毒**：包括各种中毒，如食物中毒，有毒动物、植物中毒及药物、农药中毒等，几乎都有呕吐症状。

宝宝呕吐怎么办

🍄 让宝宝坐起来，把头侧向一边，以免呕吐物呛入气管。

🍄 呕吐后要用温开水漱口，清洁口腔，去除异味。婴儿可通过勤喂水清洁口腔。

🍄 勤喂水，少量多饮，保证水分供应，以防失水过多，发生脱水。水温应冬季偏热、夏季偏凉，温水易引起呕吐。

🍄 注意饮食，不要吃太多，尽量少食多餐。不要吃油腻酸辣食品，以免刺激胃肠。吐后应先食用流食、半流食(如大米粥或面条)，逐渐过渡到普通饮食。

🍄 观察呕吐情况、呕吐与饮食的关系、呕吐次数、吐出的胃内容物等。

🍄 尽量卧床休息，不要经常变动体位，否则容易再次引起呕吐。

腹泻

腹泻是婴幼儿最常见的消化道综合征，没有发生过腹泻的宝宝并不多见，此症在6~11月的宝宝中更为常见。

宝宝腹泻有原因

- **免疫力差**：尤其是肠道的免疫功能差。
- **喂养**：奶粉过浓、奶液过凉、过早添加米糊等。
- **疾病**：宝宝感冒一般会伴随腹泻症状。
- **体质**：过敏体质的宝宝饮用牛奶或奶粉之后，会因过敏而引起腹泻。
- **气候**：气候突然变化，宝宝腹部受凉或因天气过热，都可诱发腹泻。

巧妙护理，快速治愈宝宝腹泻

- **合理喂养**：如果是纯母乳或纯配方奶喂养，添加辅食后出现腹泻情况，应立即停止给宝宝添加辅食；如果给宝宝添加配方奶之后出现腹泻现象，可以考虑给宝宝选择其他品牌的配方奶。
- **少食多餐**，保证营养，每天至少给宝宝进食6次。
- **补充水分，防止脱水**：宝宝腹泻时，要提供给宝宝充足的水分。
- **宝宝用品要消毒**：宝宝的玩具、儿童车、奶瓶、橡胶奶嘴、餐具等要及时地进行消毒，宝宝的衣物、被子要勤洗勤晒。
- **按摩保暖宝宝腹部**：宝宝发生腹泻时，经常会因为肠道痉挛而引发肚子疼，爸爸妈妈应注意对宝宝腹部做好保暖工作，适当地对宝宝的腹部进行按摩，可以达到缓解疼痛的目的。

🌳 幼儿急疹

幼儿急疹，"热退疹出"

幼儿急诊常发生于1周岁以下的宝宝身上，由于起病急、出疹快，因而被称为"急疹"，其特点为"热退疹出"。宝宝最初感染幼儿急疹时并无什么明显症状，随后会突然起病，持续发高烧3~5天，体温可升至39~41℃。有的可能伴有轻微的腹泻、厌奶、呕吐、睡眠不好等症状。情况较为严重的宝宝还会出现淋巴结肿大、嗓子红肿等症状。退热后，宝宝的身上、胳膊上、脖子上会长出很多红色的小疹子，这些疹子会在24小时内出齐，经过1~2天可消退。疹子消退后并不会在宝宝稚嫩柔滑的皮肤上留下痕迹，这一点爸爸妈妈无须担心。

宝宝患病巧护理

宝宝出过一次幼儿急疹后，就不会再出了，爸爸妈妈无须为此太过担心。不过，宝宝得了幼儿急疹后的护理工作仍然十分重要。

🍄 **注意休息**：多让宝宝卧床休息，被子不应盖得太厚太多，所处的室内要安静，定时开窗换气，以保持室内空气的清新。

🍄 **物理降温**：宝宝高热时，爸爸妈妈要不停地给宝宝擦拭，进行物理降温，另外也要注意保暖，别让宝宝着凉。

🍄 **喝水排毒**：爸爸妈妈要多给宝宝喝水，这样可以通过排汗、排尿而实现排毒的目的。

🍄 **谨慎用药**：在宝宝患幼儿急疹后，爸爸妈妈一定要谨慎用药，悉心观察病情的发展。

🍄 **心理调试**：得了幼儿急疹的宝宝会变得烦躁不安、易疲倦、爱哭闹，爸爸妈妈要多给宝宝一些抚摸，给予宝宝更多的关心与爱，让宝宝有足够的安全感。

便秘

如何判断宝宝便秘了

便秘也是小儿常见的一种症状。宝宝便秘最主要的特点：

🍄 大便次数和平时相比减少，尤其是3天以上都未大便，且排便时小脸憋得通红。

🍄 排出来的便便又硬又干，很难拉出来，也有可能是便秘。

🍄 其他症状，如腹部不适、左下腹有硬块、焦躁易怒、进食情况不佳等。

大便不通有原因

🍄 吃配方奶引起宝宝便秘。

🍄 平日所吃食物中的纤维素含量较少。

🍄 饮水量不足。

🍄 没有养成定时排便的习惯。

🍄 疾病及精神因素，如患有肛门狭窄、先天性肌无力、肠管功能异常、先天性巨结肠等疾病；或受到突然的精神刺激。

做好护理，击退便秘

🍄 **按摩法促排便：**手掌向下，平放在宝宝脐部，按顺时针方向轻轻推揉，可加快宝宝肠道的蠕动，有效促进宝宝排便。

🍄 **调理饮食，治疗便秘：**可让宝宝每天喝100毫升左右的酸奶，如果仍无效，可尝试增加1倍的量。另外，还可让宝宝多吃些含膳食纤维素高的水果、菜末、海苔、海带等食物。

🍄 **棉签润肠：**可以用棉签蘸上婴儿油后，探入肛门内1~2厘米深，来回转动予以润肠。

做好预防不便秘

🍄 **营养均衡：**每天摄入一定量的五谷杂粮、水果、蔬菜等。

🍄 **保证活动量：**宝宝不能独立行走前，要多抱抱他，也可以多揉揉宝宝的小肚子。

🍄 **定时排便：**有意识地训练宝宝定时排便的习惯。

🍄 包茎

　　刚出生的男婴大多数都有包茎，大部分是生理性包茎。随着年龄的增长，3个月后生理性包茎会逐渐消失。如果3岁以后还有包茎的话，那就不是生理性的，而且也不会自然痊愈，应该进行适当的治疗。

小儿包茎怎么办

　　🍄 **日常护理：**孩子包茎，家长一定要注意保持他阴茎的卫生，经常清洗包皮中聚积的污垢。若包皮口有炎症（红、肿），可先用消炎药或热敷，炎症消退后如排尿情况见好，可暂不手术治疗，如仍感排尿困难或出现包皮嵌顿，应及早到医院治疗。

　　🍄 **日常锻炼：**如果小儿属于后天性包茎，如果包皮能向后翻动，建议家长可以自己手动帮助小儿向后翻，动作要轻柔，每次应适可而止，完成之后将包皮置于原先的位置（即包茎状态），不可一直保持向后翻状态。经过一段时间的锻炼后，如果效果明显，则应继续进行，直到没有任何包茎的问题为止。但如果发现此锻炼不起效，则需要进行手术切割包皮了。

　　🍄 **做好日常教育：**家长应教育孩子不要用手玩弄生殖器，让孩子懂得保持包皮清洁，养成良好的卫生习惯，经常用干净的温水洗涤，保持局部清洁，防止包皮炎的发生。

　　🍄 **手术治疗。**

🍄 阴囊积液

阴囊积液临床上多发于小儿，一般无全身症状，多由家人发现一侧腹股沟或阴囊有肿块，或两侧的局部有肿块。其生长较慢，不引起疼痛。到正规医院做B超即可检查，或者超声检查也可以诊断。

阴囊积液产生的原因

胚胎发育早期，睾丸就在腰部腹膜后间隙内居住。胎儿出生以后睾丸经腹股沟管下降而进入阴囊，这时，附着于睾丸的两层腹膜也随着潜入阴囊，进入阴囊的这两层腹膜就叫鞘膜。而两层鞘膜之间的空隙叫鞘膜囊。正常情况下，鞘膜囊内有少量的液体，起到减轻睾丸在阴囊内移动时摩擦的作用。

妈妈们也可以观察阴囊内积液的包块大小情况，如继续增大，说明孩子积液一侧的鞘膜管未闭合，腹腔内积液积存于阴囊所致。如积液量不再增加，且只有1~2毫升，说明鞘膜管已经闭合，可暂时不需处理，待其自行吸收。若是由于阴囊内睾丸鞘膜与腹腔连接的通道有异，应及时手术修补，是不会影响身体及性器生长发育的。

阴囊积液怎么办

很多男婴出生后都会有一侧，个别是两侧阴囊积水。用手电筒贴在阴囊上透照，可见均匀的液体。只要哭闹时，阴囊体积无明显增大，基本上可断定为非交通性鞘膜积液。随着婴儿生长，非交通性鞘膜积液内的液体会逐渐被吸收，1岁左右全部消失。家长可等待自然吸收，没必要特别护理和特别治疗。如果孩子2岁后还没自愈的话，就要及时手术治疗了。

🌳 隐睾症

隐睾症是小儿时期常见的先天性畸形，大多数是睾丸下降不全，躲藏在两侧腹股沟或阴囊上方造成的，也就是单边或双边阴囊里没有睾丸，是一种影响男宝宝未来性功能的先天性生殖器官异常情况。新生男宝宝中约5％有隐睾症，在早产男婴中更高达30％。

虽然有的隐睾会自行下降，但如果宝贝到了1岁后还未自行下降，隐睾自行下降的机会就会变得很少。所以，父母要重视小儿隐睾症，适时带宝贝去做治疗，避免日后留下隐患。

隐睾症的危害

小儿隐睾双侧发病会导致没有生育能力，单侧隐睾同样可导致生育低下或不育。因为隐睾的睾丸体积都普遍偏小，质地偏软，弹性差，有时睾丸和附睾还有分离，或者没有附睾，所以导致生精功能差，甚至没有生精功能。因此，有隐睾症的宝宝应在1岁时动手术矫正睾丸的位置。

防治隐睾3法

🍄 **观察**：宝宝1岁内，隐睾有自然下降的可能，可以采取观察方法，不用进行治疗。

🍄 **内分泌治疗法**：若1岁以上的患儿睾丸仍未下降，可以先试用绒毛膜促性腺激素，刺激间质细胞，使血浆睾丸酮增高，促使睾丸下降；还可用促性腺释放激素，弥补原来的分泌不足。

🍄 **采取手术治疗**：适用于小儿单侧隐睾或双侧隐睾，经内分泌激素治疗仍未下降者。手术年龄以2~3岁最为适合，父母切莫错过这个时机。

🌳 婴儿脐疝

　　婴儿脐疝俗称"气肚脐"，是新生儿常见的疾病之一。婴儿期，由于两侧腹肌未完全在中线合拢，留有缺损，在医学上称为"脐环"。当哭闹过多、咳嗽、腹泻等促使腹内压力增高时，便会导致腹腔内容物，特别是小肠，连同腹膜、腹壁皮肤一起由脐部逐渐向外顶出，形成脐疝。

脐疝的病因

　　🌳婴儿脐疝多属先天性，系出生时脐环未闭所致。

　　🌳腹内压增高，在小儿以啼哭为多见。

　　🌳脐部手术，近年经脐部做腹腔镜增多，脐部伤口薄弱，形成脐孔疝。

保健护理

　　🌳饮食应清淡、易消化，多食粗纤维食物及蔬菜、水果，忌食生冷、刺激之品。

　　🌳适量活动，不可劳累，忌久站、久蹲。

　　🌳避免增加腹腔压力的各种因素。屏气、咳嗽等腹压突然增加的时候，应适当按压腹部。

脐疝的治疗

　　🌳**非手术疗法**：2岁以内的患儿可用胶粘法治疗：将疝内容物回纳后，压放一小块纱布垫于脐部，双手向中线推挤两侧的腹壁，取5厘米宽的胶布条，从一侧腋中线至另一侧腋中线横贴腹部，使脐环闭拢，让其逐渐愈合。每隔1~2周更换胶布一次，持续半年至1年。

　　🌳**手术疗法**：适用于非手术疗法1年后未见效或年龄在2岁以上、疝环超过1.5厘米者。

 乳糖不耐受

什么是宝宝乳糖不耐受

乳糖是存在于牛奶和其他奶制品中的主要糖类，宝宝乳糖不耐受是指宝宝体内无法产生足够的消化乳糖所需的乳糖酶。如果未经消化的乳糖停留在肠道里，就会造成胃肠问题，使人不舒服。

宝宝乳糖不耐受的症状

如果宝宝患乳糖不耐受，可能会在喝母乳或吃其他乳制品之后30分钟至2小时之间出现腹泻、腹部痉挛、腹胀或放屁等现象。

宝宝乳糖不耐受怎么办

喝特殊配方奶粉：可以暂时更换为不含乳糖的婴儿配方奶粉，待宝宝的肠道症状恢复正常后再逐渐替换为含乳糖的婴儿配方奶粉。

少量多次饮用：不妨尝试着把1杯奶分成2次喂，或采取少量多次的方法，也可以化解乳糖不耐受的情况，或者使孩子不发生乳糖不耐受的症状。

配合谷物一起吃：可以让孩子在喝奶前或者喝奶时吃一些饼干，会减少肠道排气和缓解不适的感觉。

巧喝酸奶：酸奶在发酵过程中使原奶中20%～30%的乳糖分解成了乳酸，所以，容易消化的酸奶是个不错的选择。

保证宝宝的营养需求：随着宝宝的成长，需要去掉他饮食中的乳制品，也要保证宝宝所需的其他钙质来源，以帮助宝宝的骨骼和牙齿健康生长。不含奶的钙质来源包括绿叶菜、强化钙的果汁、豆奶、豆腐、西蓝花、三文鱼罐头、橙子和强化钙的面包等。

四、家里常备急救箱

宝宝在家遇到身体不适或意外受伤时，适当的急救措施、居家护理很重要。因此，爸爸妈妈除了要了解基本的急救小常识外，家里还应该放置一个急救箱，以备不时之需。

急救箱物品清单

物品名称	用途
镊子	夹取药敷料、棉球，或钳去伤口上的污物等，也可以取出耳朵里的异物和扎进皮肤的小刺
圆头剪刀	剪开胶带、纱布和绷带，也可用来剪开衣物
棉花棒	准备粗、细两种棉花棒，以应付不同需求。可用来掏耳朵、取出进入眼睛的异物，还可以在宝宝便秘需要通便的时候使用
小手电筒	检查宝宝的口腔、耳朵、喉咙或皮肤状况，小虫子不小心飞进耳朵时，只要用手电筒照一下，它就会朝着光源飞出来；也可以用手机下载手电筒APP的功能，非常方便
创可贴	处理覆盖小伤口，可以准备几种大小不同的类型（宝宝用有卡通图案的创可贴，可以增加不怕痛的勇气）
透气胶布	宝宝受伤或流血时，可以用来固定纱布或绷带
消毒纱布	用于消毒和保护伤口，平时可把纱布放在盒子或袋子里，以免弄脏或沾染灰尘
绷带	固定纱布和包扎伤口，可多准备几种宽度不同的类型，依实际状况来使用
酒精棉	急救前用来消毒双手或镊子等工具
喂药匙	宝宝喂药使用，如果没有喂药匙，也可以用滴管式喂药器或小量杯代替
体温计	对于宝宝而言，耳温枪特别适用，使用后要擦干净，随时保持清洁
口罩	家人感冒的时候配戴，预防交叉感染

宝宝急救箱基本药品

物品名称	用途
生理盐水	用来冲洗伤口。紧急时如果刚好没有的话，可用煮沸过的冷开水取代
碘伏	被广泛使用的碘伏消毒效果不错，对细菌、霉菌等都有效
消炎药膏	涂抹后可防止伤口发炎感染
薄荷软膏	一般蚊虫咬伤用
婴儿润肤油	用来保护宝宝细嫩的皮肤，避免过于干燥。如果需要帮宝宝通便或取出耳内异物时，用棉花棒蘸一点润肤油擦拭，比较不会伤害到皮肤（也可以用橄榄油、凡士林代替）
退烧药	由医院所开的小儿退烧药，如有栓剂，需要放进冰箱保存
胀气膏	胀气膏涂抹于肚皮上，再通过轻轻按摩的方式，舒缓宝宝胀气的不适感
日常用药	如果碰到需要长期治疗的疾病，例如支气管哮喘等，或者在紧急情况下必须要服用的药品，应列入家中常备用药清单中

TIPS

◎急救箱内容物需贴上清楚标签、简易的用途说明，并注意有效期限，每2~3个月要检查一次急救箱，确认是否有物品已经过期或用完，可以随即补充更换。

◎急救箱置于安全干燥之高处，避免阳光直接暴晒；最好放在宝宝拿不到的地方，以防宝宝拿来玩耍。

◎最好不要用空饼干盒或食品罐来当成急救箱，以防幼儿误食。

◎急救箱应该放置在全家人都知道的固定地方。

◎急救箱内每样物品有固定位置，排列整齐，以便紧急使用时，不会手忙脚乱而找不到东西。

◎急救箱内可放置特别需要的药物。

五、紧急情况的急救常识

孩子健康成长是每个父母的最大愿望，但宝宝年纪小，日常生活中很容易遇到一些紧急情况、突发状况，需要在医生到来之前及时的救治。因此家长们要学会一些自救常识。

鱼刺卡喉

鱼刺一般会卡在扁桃体、舌根部、嗓子眼。

正确的急救方法

🍄 让孩子张开嘴，用镊子将鱼刺夹出；如果鱼刺位置较深，不易夹出，要尽快带宝宝去医院。

🍄 如果看不见鱼刺，但是孩子出现吞咽困难及疼痛，需立即就医。

🍄 孩子被鱼刺卡住可能会呕吐，需将孩子的头偏向一侧，呕吐完之后，将口腔擦拭干净。

常见的错误方法

🍄 鱼刺卡喉后，吞饭团、咽馒头把鱼刺带下去。吞饭团、咽馒头会让鱼刺卡到食道中，对食管造成伤害，还会增加发现和取出的难度。

🍄 鱼刺卡喉后，喝醋"软化鱼刺"。醋对鱼刺的软化效果有限，而且醋的酸度会刺激并灼伤食管的黏膜，使受伤的部位扩大和加深。

预防方法

🍄 在烹饪鱼肉时，将鱼刺剔除，喝鱼汤时可用过滤网将鱼刺过滤去除。

🍄 嘱咐孩子在吃鱼肉时要细嚼慢咽。

🍄 食用鱼刺较少的鱼肉，不易让孩子卡住。

🍄 割伤擦伤

擦伤：小孩摔伤后皮肤、软组织擦伤。

割伤：锐利器物导致皮肤割伤。

🍄 割伤擦伤的处理方法

🍄 出血量不大，可压迫伤口止血；出血量大，及时到医院进行止血处理。

🍄 创面浅、面积小的擦伤，可用生理盐水洗净伤口、络合碘消毒、无菌纱布包扎。

🍄 创口如有异物需清理干净，并进行消毒。

🍄 如创口较小，消毒后可用创可贴粘合；如创口较大，应及时止血并送到医院缝合伤口。

🍄 如被动物咬伤应及时注射相关疫苗。

🍄 常用消毒药品或液体

🍄 红药水：是一种作用较弱的消毒防腐药。其杀菌、抑菌作用较弱但无刺激性，适用于新的小面积皮肤或黏膜创伤（如擦伤、碰伤等）消毒。不能与碘酒一起使用，会产生剧毒物质。

🍄 紫药水：用于皮肤和黏膜的化脓性感染、白色念珠菌引起的口腔炎，也用于烫伤、烧伤等。其对黏膜有刺激，可能引起接触性皮炎，会导致皮肤着色，涂药后不宜加封包。大面积破损时不宜使用，也不宜长期使用。

🍄 双氧水：具有消毒杀菌作用，但浓度大，易灼伤患者皮肤。如果伤口较深或被生锈的东西刺伤，除了用清水或生理盐水冲洗外，还要使用双氧水清洗，它可杀灭厌氧菌。

🍄 碘酒：用于皮肤感染和消毒。不宜用于破损皮肤、眼及口腔黏膜的消毒，对细菌、真菌、病毒均有杀灭作用。

🍄 小儿骨折

小儿骨折的分类

🍄 非意外伤害：主要是指虐待伤，而病理因素主要是骨的各种肿瘤及肿瘤样病变。

🍄 意外创伤：儿童精力旺盛，喜欢打打闹闹、蹦蹦跳跳，自控能力差，对危险的识别和判断能力不足，很容易发生意外创伤。

儿童骨折的急救方法

🍄 受伤后应就地休息，不要立刻按压受伤部位，减少关节活动，避免损伤加重。

🍄 使用急救包、骨折夹板、绷带对受伤肢体进行固定，若情况紧急，可就地取材进行固定。

🍄 30%的儿童骨折存在骨头生长板的损伤，不及时处理或者处理不当会导致生长障碍。

建议：儿童骨折后应尽量选择有儿童骨科专科的医院就诊。

做好预防措施，降低孩子受伤的概率

🍄 观察周围环境，发现障碍物及时躲避。

🍄 引导孩子有节制地玩耍，避免在游玩设施当中打闹，以免受伤。

🍄 孩子滑滑板和旱冰时，选择质量可靠的滑板和旱冰鞋，并做好安全防护措施。

🍄 在自行车、电动车的后轮两侧安装网盖，防止脚伸进辐条内。

🍄 尽量不要让低龄儿童一人在家。

🍄 小儿脱臼

🍄 怎么判断小儿脱臼

🍄 观察孩子关节结构和形态是否正常。

🍄 观察孩子关节处是否剧烈疼痛。

🍄 观察关节部位是否肿胀。

🍄 1岁内的孩子脱臼：脱去孩子衣物，对两侧肢体进行比较，如孩子总使用一侧肢体，而另一侧未动，或活动时孩子不动肢体，出现哭吵的情况，这时孩子可能存在脱臼或骨折，需及时就医。

🍄 小儿脱臼的处理方法

🍄 家长不要轻易尝试给孩子进行复位，如果手法不正确，会导致损伤进一步加重。

🍄 适当地使用硬纸板与衣服或者绷带固定受伤肢体，避免孩子进一步运动造成出血增加，肿胀加重。

🍄 及时到医院诊断并治疗。

🍄 家长如何预防儿童脱臼

🍄 正确的教育。很多不应该发生的遗漏性脱臼的原因主要是家长教育存在问题。孩子受伤后，不安慰孩子，反而打骂、处罚孩子，使孩子不敢说出伤情，导致治疗时期延误，使后果更加严重。

🍄 牵着孩子胳膊时要注意，不要用力过猛，突然跌倒不要用蛮劲扯胳膊。

🍄 宝宝学走路时，父母应该扶着他的腰部或腋下。

小儿触电

电击伤属于儿童较为严重的意外伤害，可分为轻度触电和重度触电：

轻度触电：局部皮肤烧灼伤。

重度触电：心跳呼吸骤停、面色苍白、意识丧失。

小儿触电的常见原因

有些孩子调皮捣蛋喜欢玩电线插座，将镊子等金属器具插入电插座双孔里，因为短路，身体被强电流弹出。

随着手机的普及，还有不少孩子喜欢玩充电器，这些都是可能发生触电事故的隐患。

造成孩子触电的主要责任在于父母对儿童看管不当。

正确的急救方法

首先断电，用绝缘物体把电源和小孩分开或直接关闭总电闸。

将孩子平放在地板上，观察是否有心跳和呼吸。

及时拨打急救电话，等待救援。

怎么预防小儿触电

室内：注意用电物品的安全，收好插排、台灯、热水壶等电器，防止儿童接触电源。

对于家电的电源线，不要乱接乱拉，这样可减少触电事故的发生。

选购电动玩具时，要注意辨明生产厂家，特别注意电玩的设计和安全性，这样可以大幅降低儿童触电概率。

室外：雷雨天气少去空旷的野外，防止遭到自然雷电电击。

煤气中毒

煤气中毒的原因

- 屋内采取烧煤取暖易引发煤气中毒事件。
- 淋浴泄漏燃气事故。
- 煤气灶装在通风不佳处。
- 厨房内煤气泄漏。

煤气中毒的程度

- 轻度：中毒时间短，表现为头痛眩晕、心悸、恶心、呕吐、四肢无力。
- 中度：中毒时间稍长，在轻度症状的基础上，出现虚脱或昏迷。
- 重度：发现时间过晚，吸入煤气过多，呈现深度昏迷，各种反射消失，大小便失禁，四肢厥冷，血压下降，呼吸急促，会很快死亡。

正确的急救方法

- 立即打开门窗。
- 煤气中毒后，为避免二次伤害，应立即将孩子侧卧，防止误吸。
- 如发现孩子呼吸心跳停止，立即拖离现场后进行胸外心脏按压或人工呼吸。

预防煤气中毒是关键

- 外出时关闭煤气，包括灶台和浴室等地。
- 不使用强排式煤气灶。
- 定期检查家中是否有煤气泄漏的情况。
- 一旦察觉室内有煤气泄漏的味道，马上断掉电源并熄灭火源。

误食药物

误食药物是常见的家庭意外，多发生在1~3岁的年龄阶段，误食的药物多为家庭常备药物。

普通处理方法

催吐：用手指抠孩子的咽喉部，使孩子吐出药物。

饮用大量清水，使孩子吐出药物。

误食不同药物的急救方法

误用心脑血管药、降糖药

①立即到医院进行处理，误食后的4~6小时非常关键，与宝宝是否有后遗症的关系重大。

②去医院的途中，如果宝宝清醒，可进行催吐。

③如果服用的是降糖药，在宝宝清醒的情况下，可以适当补充一些糖分（糖水等）。

④此类药物后遗症严重，如果家长没有及时发现宝宝误食，无论过了多久都必须到医院检查。

误用避孕药、安眠药

①在孩子清醒的情况下果断催吐，并赶紧送到医院进行对症治疗。

②通常在进行正确处理后，一两个月症状就会自然缓解。

误用感冒药、止咳药、退烧药等

①紧急退烧药如果是小瓶装15毫升以下，一般不会造成太大的影响，注意补水则可。

②紧急退烧药如果药瓶容量大于15毫升，通过喝水不一定能及时补充水分，建议到医院进行补液。

溺水

小儿溺水分为两大类：家庭溺水和户外溺水。

🍄 户外溺水：有池塘、水源的地方，小孩玩水的时候可能会掉到水里。

🍄 家庭溺水：如在无成人守护的情况下，低龄孩子在独自泡澡过程当中，容易没入水面下，形成溺水现象。

溺水的急救措施

儿童溺水，家长必须在第一时间清理呼吸道，开放呼吸，进行心肺复苏。要特别注意以下三点：

🍄 判断。首先判断孩子是否有心率呼吸。

🍄 心肺复苏。赶紧拨打急救电话，在急救车到来之前，为孩子持续进行心肺复苏。

🍄 保持观察。儿童溺水后，如果当时的心跳呼吸没有停止，但儿童还是出现溺水或窒息，导致肺损伤，可能是在短期内出现了缓慢的呼吸增快、肺水肿，这时一定要把小孩子送到医院观察处理，观察他的生命体征，包括心率呼吸、氧合的情况，发现问题便可紧急处理。

常见的误区

溺水后第一时间把人倒立过来控水，使劲按压其背部，迫使其呼吸道和胃里的吸入物排出。虽然具有一定的作用，但不能盲目和随意控水，正确做法如下：

🍄 将溺水儿童平放，迅速撬开其口腔，清除咽内、鼻内异物。

🍄 溺水后舌头会后坠，堵住气道，因此要抬高其下巴。

🍄 如溺水儿童停止呼吸，应尽快施行人工呼吸：捏住其鼻孔，深吸一口气后，往其嘴里缓缓吹起，待其胸廓稍有抬起时，放松其鼻孔，以每分钟16~20次为宜，直至恢复呼吸。

🍄 一旦溺水儿童心跳停止，应立刻进行心肺复苏！

跌伤坠伤

小儿跌坠伤易发生的场所

🍄 室内：阳台、飘窗、桌子、凳子、床等。

🍄 户外：爬山、儿童游乐场所、体育运动场所等。

正确的急救方法

🍄 孩子意识昏迷，且伴有呕吐、口鼻耳流血流液，高度怀疑为头部严重损伤，这是最危险的情况，应立即拨打120抢救。

🍄 如意识清楚，发生流血时，应用干净的纱布、毛巾压迫止血。

🍄 四肢乏力不能动弹，高度怀疑为脊柱、颈椎损伤，切勿搬动患儿，立即拨打120。

🍄 肢体肿胀变形，高度怀疑为骨折，用纸板、木板、树皮固定患处，然后立即送往医院。

🍄 腹腔内肝、脾脏受伤时，会有疼痛感；肠子受伤除了疼痛外，也会有呕吐情形。

注意：若宝宝出现嗜睡、手脚无力、哭闹或头痛情形，应就医做进一步检查。

预防小儿跌坠伤

🍄 在阳台、飘窗处做好防护措施，并时常检查。地板铺软垫，避免滑倒，减少受伤的机会。

🍄 注意家具的稳定度，如婴儿床、学步车、婴儿手推车等。

🍄 当宝宝进入会爬、会走的阶段时，千万不能让家具引诱出宝宝想攀登的兴趣，以防跌坠。

🍄 家长应加强看管，提高儿童的预防意识。